裸喪

Bareness & Funeral

時尚的多元與多變，並不能滿足人們對美的需求，回歸到心靈層面的探索，將是造型作品最終能夠感動別人的理由。

《裸．喪》以台灣傳統喪禮為議題，透過造型設計闡述從走向死亡，到喪禮中，以及死後世界的相關意境與藝術。把喪禮中伴隨入葬的衣物、金箔、線香等結合人體藝術，以意境的傳達結合裸露的線條，跳脫世俗忌諱的眼光進行創作，大膽挑戰面對人生最後一程的意象。是創意，也是創新；是另類的表現，也是藝術的超脫視界。從人體藝術、造型設計、表演藝術以及攝影各向度進行欣賞，這都是具有獨特風格的作品，是另類的寫真集，也是值得再三品味的攝影作品。

裸喪——透過整體造型、髮型、彩妝、人體彩繪，甚至肢體語言，以不同的素材，搭配攝影技巧來表現，每件作品無一不是人生，無一不是故事與藝術。

陳冠伶　吳容萍　燕巧真　賴玟彣　著

Paper Lotus

Contents

目錄

Candle Drips

Contents

目錄

推薦序 1

身體的造型，著重在打理各種細節，以整合出所欲傳達的形象。而整體造型，更是流行設計者養成過程必須學習的專業；這個專業，包括能在身體的體表外圍有效利用各種元素，組合呈現出確切的符號。時尚的多元與多變，並不能滿足人們對美的需求，回歸到心靈層面的探索，將是造型作品最終能夠感動別人的理由。

創作影像作品，對造型師而言，必須擁有創新求變的思維與生活美學上的涵養，而冠伶老師就是這樣的實踐者。樂見冠伶老師和三位學生共同創作的此書出版，本書內容的系列作品，呈現人們必然面對卻又忌諱碰觸的議題：死亡，除提供一種另類審美角度的啟發，同時也建構出造型師與流行設計研究者於民俗創意上的新視野，相信它亦能為您帶來一些思考上的激盪！

陳佳杏
樹德科技大學 流行設計系助理教授

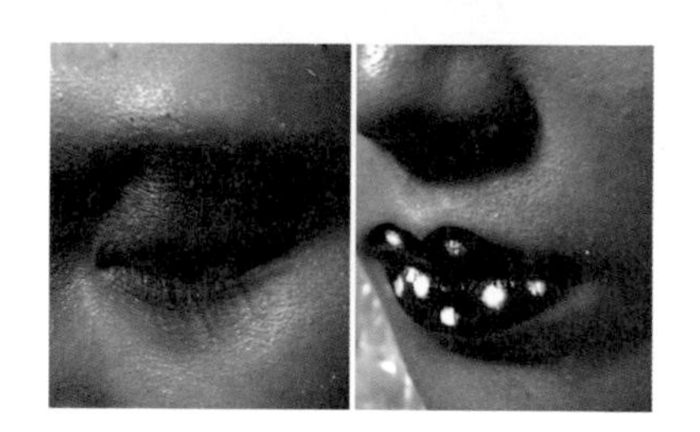

推薦序2

人體的裸現，是美的欣賞；死亡的意境，則是一種無法經驗的藝術。

《裸．喪》以台灣傳統喪禮為議題，透過造型設計闡述從走向死亡，到喪禮中，以及死後世界的相關意境與藝術。

把喪禮中伴隨入葬的衣物、金鉑、線香等結合人體藝術，以意境的傳達結合裸露的線條，跳脫世俗忌諱的眼光進行創作，大膽挑戰面對人生最後一程的意象，是創意，也是創新；是另類的表現，也是藝術的超脫視界。

從人體藝術、造型設計、表演藝術以及攝影各向度進行欣賞，這都是具有獨特風格的作品，是另類的寫真集，也是值得再三品味的攝影作品。

潘兆鴻
虎尾科技大學 多媒體設計系 講師
樹德科技大學 流行設計系 講師

推薦序3

認識冠伶老師已經邁入第十個年頭，從昇宏集團到台灣標榜美髮學院同事至今，一直以來對老師的敬佩從未減弱過，從美 現場經驗、產業界專業產品教育、標榜教育系統至今任教於樹德科技大學流行設計系，每個階段老師總是能展現最大的智慧與能力。

看見老師寄來的作品，感到非常感動與震撼，希望與愛，在冠伶老師指導下，三位學生無不盡最大的能力來完成每個系列的作品。

『裸喪』（死亡）這個每人的必經過程，卻都避諱的話題，她們竟用不同的系列分別來表現人們對於死亡的恐懼、害怕、不安、敬畏、靜默與安然。

裸喪——透過整體造型、 髮型、彩妝、人體彩繪，甚至肢體語言，以不同的素材，搭配攝影技巧來表現，每件作品無一不是人生，無一不是故事與藝術。

在這2012年初，除了祝福冠伶老師之外，更祈禱老師的愛與慈悲、用心與關心，能感染每個學生與讀者，看待死亡能更無懼，更寧靜。

裸喪

靈光乍現。新新生命
堆積經驗。堆積智慧
體驗人生。體驗生活
歲月拓印。拓印慧心
生老病死。經驗當下
裸身來去。慧命永存

洪芳瑤（筆名：曳）
《裸愛》詩集作者
昇永生物科技股份有限公司 產品行銷規劃師

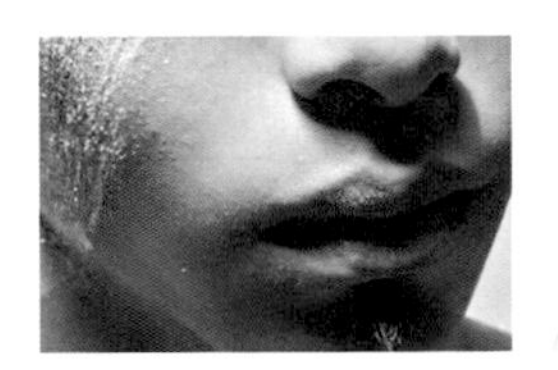

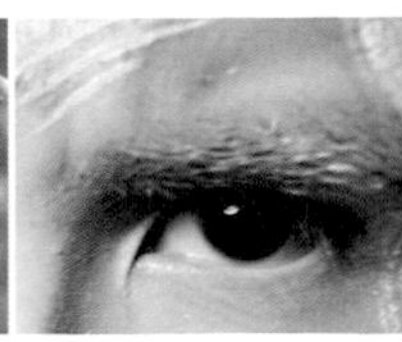

推薦序4

關懷生命傳達愛，不同的生命態度，將孕育不同的生命內涵，印證了本書作者陳冠伶老師對生命熱愛的積極態度，可謂是永不熄滅。

冠伶老師，始終懷抱一顆強而有力、勇敢面對挑戰的心，繼《時尚髮型任你剪》、《堅持玩美，成就人生》、《秀髮的百年盛宴》(榮獲行政院新聞局第33次中小學生優良課外讀物推介)、《重新訂價——懂得改變，讓您贏得千萬身價》等多本精心著作之後，再度以整體造型圖像之意念，來表達人們面對死亡時的過程與結果，既深刻又聳動。

《裸．喪》一書，美學與技術兼具，作者冠伶老師將個人三十多年深厚的美髮相關工作專業實務與教學經驗，經年累月醞釀匯集成的一股巨大能量，轉化為精湛的創作。冠伶老師將台灣固有社會文化中，人們面對

「死亡」時所引發的內心深處種種樣態，以人體美學來詮釋，引領三位學生藉由人體創作藝術表達其意境，開啟人們較避而不談的兩大禁忌話題「喪」與「裸」，重新自我審視對生命的正向態度，實為一本不可多得的作品，更提供了整體造型工作者及所有對美感培養有需求者最佳之參考書。

林淑菁 謹識
遠東科技大學 化妝品應用與管理系 助理教授

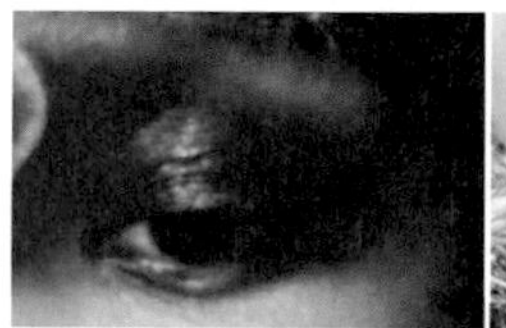
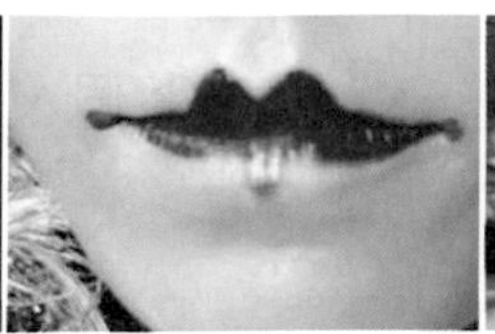
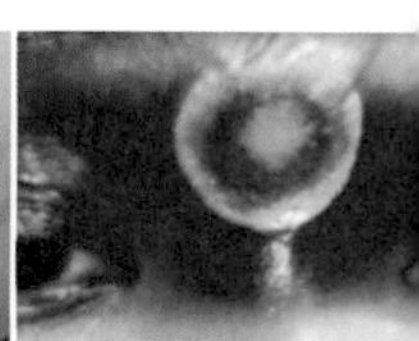

從面對，到有無之間的存在價值，直到「覺醒」。

自己出過三本書，第一次能幫人寫推薦序，這是何其幸運。

陳冠伶老師，從一位美髮人蛻變為多面性的學術界領航者，「不得了，了不得」，這是我們美髮人之榮幸。在學校看到陳冠伶老師和她三位學生合著的書名『裸喪』這二字，頓時間腦海呈現空白一片。晚上在家中沉靜了些許時間，思考《裸・喪》這本書的主旨意涵：「主動面對死亡，將死亡展現成另一種視覺層次，以人類肉身藝術創作，呈現這極深度的美學藝術。」

長久以來，人對自己的肉身既熟悉又陌生，既有擁有的喜悅，但又得面對死亡陰影籠罩下無所不在的恐懼，深怕有一天自己會無端消失。

台灣有一句諺語「生人毋願死，死人毋願生。」人並沒有辦法真正的認識死亡，我們只能一般性地泛泛談論死亡，也只能面對死亡的事實，從「面對」到「揣測」，去領悟肉身與靈魂之間的存在價值，直到「覺醒」。

我在課堂上常說一句話，「來是偶然，去是必然」。人誕生於世間，必然是赤裸的到來；離開世間時，也必然要面對赤裸的這一幕。

生必見其完全的裸，裸必是其喪的開端。

喪才是真正放下的空無，也是走完人生全程。

老子說：「有無相生，難易相成。」

就是說：沒有「有」就沒有「無」，「有無」是相對而生的。沒有「難」就沒有「易」，「難易」是相對而成的。我想老子這句名言是最適合《裸．喪》這本書的視覺意境吧！

朱正義
CCI教育學院院長

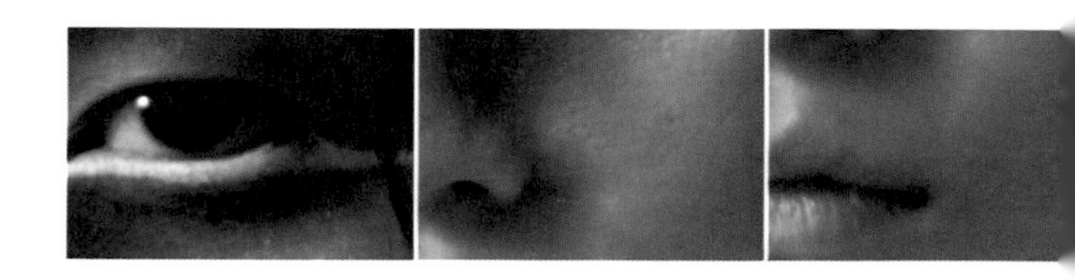

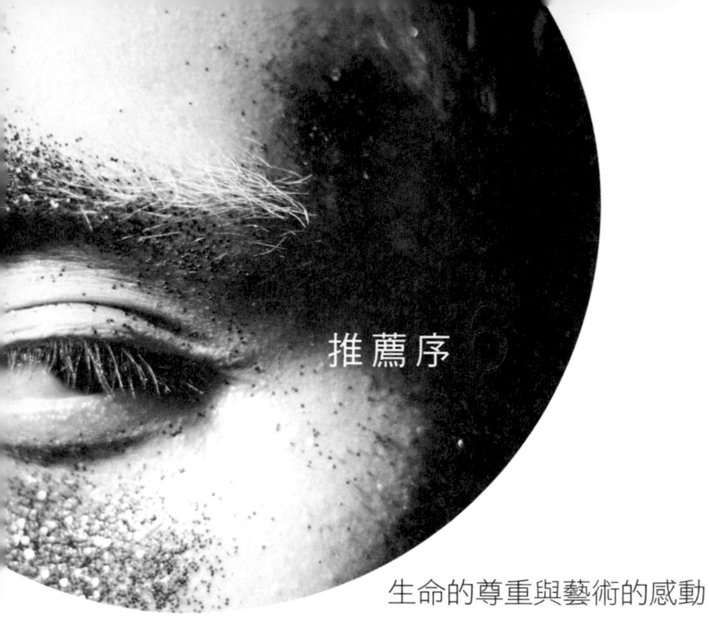

生命的尊重與藝術的感動

大自然賦予生命的本質是應該被尊重的，而藝術之思維，源自於心靈深處，自然表現出心性之美。

前些日子，我父親突然喘得厲害掛急診，醫生診斷是心臟問題引起肺積水，造成呼吸困難。待在加護病房做了一連串的治療後，醫生告知必需做心導管才能解決問題。決定了日期與時間，當日被安排在早上的第二號，人已進入醫療室了，但急診室臨時又安插兩位病人做心導管，我父親被迫等候。主治醫生出來告知我們，急診病患優先，因為他們狀況危急，在醫療的過程只有兩種可能，幸運的話就是活著出來，不幸的話就是面臨死亡。醫生很慎重地鞠躬向我道歉。我必須再等候急診病患。當下我感動的是醫生對生命的尊重。

我在想，人的生命盡了，而靈魂卻如水一般的堅忍，遇逆而流，該轉則轉，該彎則彎，始終保持奔流不息的韌性。人生何嘗不是如《裸．喪》裡的意境：水與色彩的調和造就了藝術。藝術不是拿來閱讀、瞭解的，而是用來甦醒我們的靈魂。

平常工作忙碌之餘，下班後我一定會牽著愛妻的手，到附近的公園散步談心。踩著泥濘的路徑，享受放鬆在大自然當中的難得愜意，安靜的夜色讓我們添加了靜修與思考的頻率，及無所不談的話語。寧靜公園的夜裡，更讓我們感受生命裡超乎想像的平和。

投入整體造型設計近30年了，經歷了時代的變化。現今著名的年輕創作者，常常打破現實框架，充滿著意識形態及自我風格，強調成功無不可能的表現力。而作者冠伶老師和她的學生，卻將生命與藝術結合，譜成不同的曲調：《裸．喪》代表的是人文藝術的開始，生命的延續。

我的生命因創作而完美
責任在心　成就既來
深入其境　幸福無盡

葉富崇
ART101 Hair salon 執行長

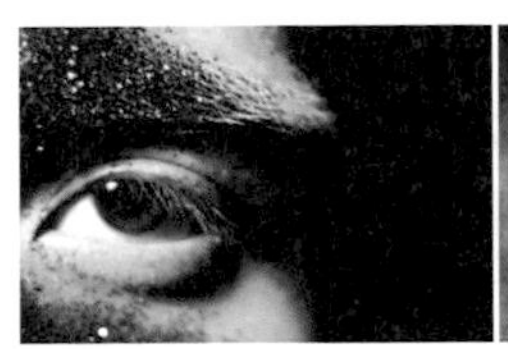
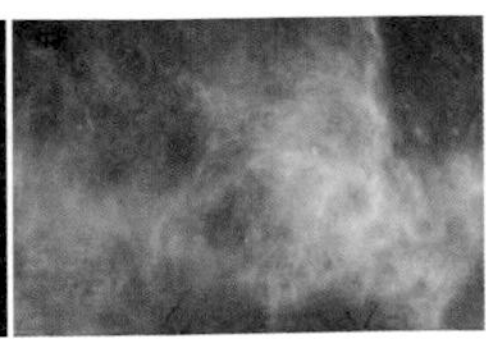
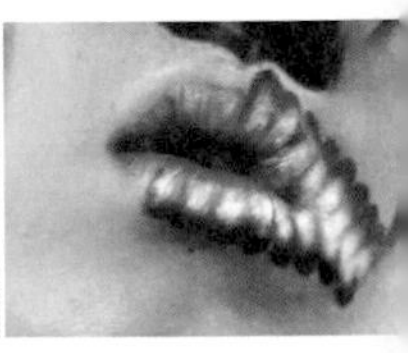

作者序

我叫燕巧真，一個很平凡的名字和一個很不平凡的姓氏，就像我總是拿平凡的自己去挑戰不平凡的人生。

我本來應該和一般單親小女孩一樣，天真的發誓自己長大絕對不嫁，要一直照顧媽咪到老為止，直到我在 12 歲失去母親。說真的，那是一段很長很長的故事，你們不會有興趣聽的，但那卻也是我開始創作《裸．喪》時最初萌芽的意志。沒錯，費時超過一年歲月，我們夙夜匪懈、目不窺園、勞其筋骨、焚膏繼晷創造這些作品，最核心的一句話只是想說：「我愛的人還活著，就是生命中最大的恩惠」。用說的總是比較簡單，但其中的苦楚，沒有遇過的人不會懂。那麼，就讓我用我的方式辦一場喪禮，讓參與的人一起體驗椎心刺骨的痛。好吧，或許只有那麼一點無服之喪也是可以。

我們決定採取富有道地文化並且最廣為人知的傳統喪禮為題材，萃取出一幕幕經由意像轉化的妝髮造型。之所以留下了赤裸，為的是生不帶來死不帶去的理念。引領觀者開啟意境入口的主題文字，也經過大量刪減與精練，因為我們不願意被侷限在自己想說的故事內容裡，且運用畫面也許會引發出不同的啟思出現吧。《裸．喪》以結局做為回憶的起點，開啟了一場生命饗宴。

從第一張成品到現在，原來已經過了兩年，其實回頭再看這些作品，還是有很多感觸。當時我們哭喪著臉，賭氣的一句「我們一定要把《裸．喪》發揚光大」，就像星爺想把少林武功發揚光大一般，如今還真的把這本書給出版了；三個在當時只有 21 歲的丫頭怎麼可能一路走到這裡？不免俗，真的要跪下磕頭感謝所有曾經給過我們幫助及支持的人。

頭號人物肯定是冠伶老師，這麼叫實在很不習慣，其實我們三個私底下都稱她「寶貝老師」，當然還有當時還在寶貝老師肚子裡的寶貝小熱狗。老師的勇氣肯定過於常人，才有那個膽子在懷著身孕的情況下，接下以我們這種不吉利的內容為主題的組別指導。從懷孕一直到生產，才

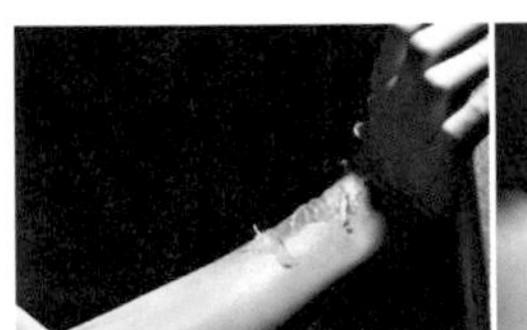

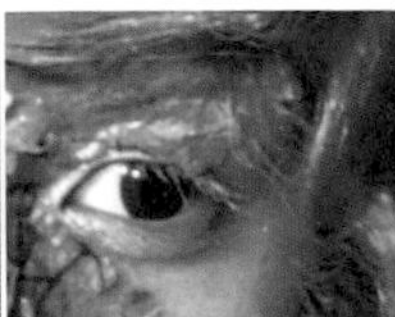

剛坐完月子沒多久，馬上就急忙地回到我們身邊監督作品進度，甚至在展出結束後還不斷的地我們尋找出書機會，老師，這份恩情我們還到下輩子也還不完阿……

在老師坐月子期間，我們三個像無頭蒼蠅一樣，不要臉的到處騷擾了很多其他組別的指導老師給我們意見，像是洪慕藍老師、吳婉渟老師和王安黎老師都深受其害。另外校內同學和學弟妹們也是兩肋插刀又赴湯蹈火，當然還有為了《裸．喪》被我扒光的模特兒們，以及帶我進入彩妝的明德母校啟蒙恩師們、我的戰友：容萍、玟彣和我的家人。沒有你們就沒有這本書，這句話實在老套了點，但是我找不到更好的詞語做為感謝，一直以來，謝謝你們。

最後，謝謝我的母親，燕玉娟。

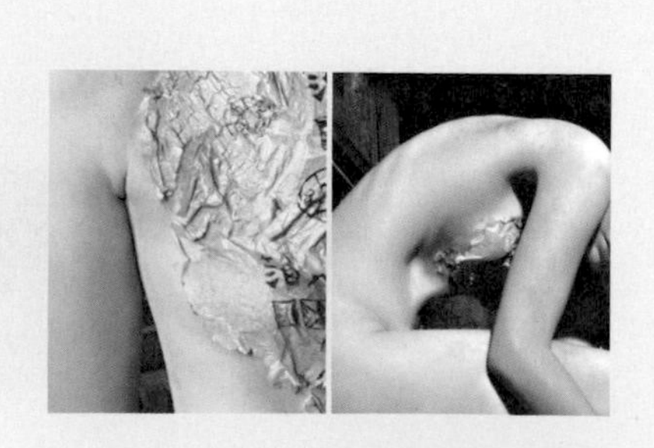

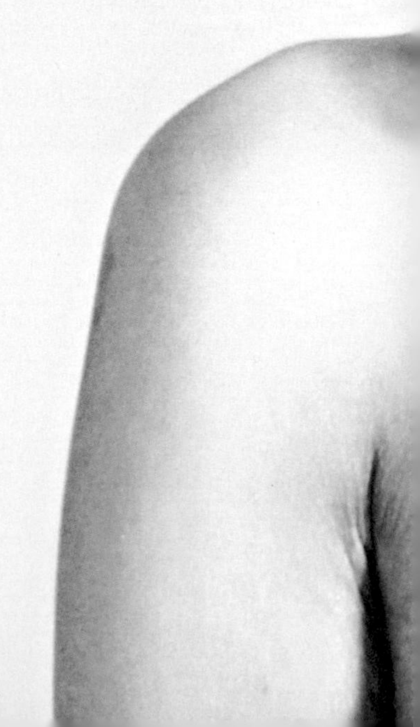

Paper Lotus

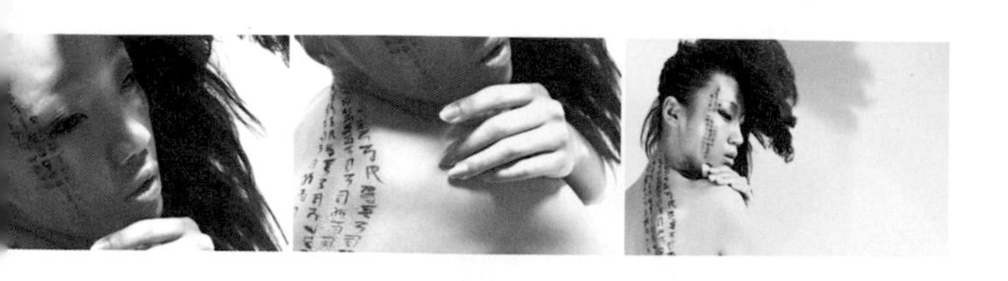

蓮（紙蓮花）

親手為你折的一朵朵，是思念

5月20日，在台北吵得沸沸揚揚的今天是我的生日，而我邀請了一起製作《裸．喪》的姐妹們光臨寒舍，聽她們說一些故事，關於死亡的故事。我要把這些做為《裸．喪》的開頭，而這也是我們最初的起點。

死亡是無法準確預知的，人們對此的認知一直是模糊不清，所以死亡令人膽怯。若我們研究死亡即是闖進意識極限，迫使自己無法理性思考。死亡在今日給人帶來的是比以往更大的恐懼，但是當你越接近死亡，你會發現你越能擁抱生命，在死亡來臨之前再次真正的生活。

我們談論著對亡者的回憶，說著說著，容萍是第一個掉下淚來的人：「從去年畢業之後馬上就開始工作，好像馬不停蹄地一直盲目過著日子，我已經好久沒想起奶奶了。」

影片上剛好播著我們為《裸・喪》寫出「蓮」這個主題的字卡。記得當年展出時，有個織品組的同學站在展場中，對著這串文字和照片紅了眼框，然後緊緊地抱了我一下。她說當年就是懷著這樣的心情，一邊靜靜地哭著，一邊折出一朵又一朵的紙蓮花。有種內心的痛只能向外人透露，對最親近的人卻只能談表層的話，這對意識是個壓迫，所以對外人說出真實感受時一講就哭，顯然這情緒來自過度的壓抑，那是我開始製作《裸・喪》之後第一次感動的剎那。

容萍緩和了一下說：「其實我很開心在今天又透過《裸・喪》想起奶奶，以這種懷念而且平靜的方式。」

參予過喪禮的人一定對如何折出紙蓮花不陌生，三年前我的爺爺過世時，所有親戚團圓，大家圍坐在院子臨時搭出來的帳棚下折出一大箱的紙蓮花和衣褲，現在才知道原來這些是要跟圍庫錢一起燒給爺爺用的。我們把紙蓮花的外型輪廓轉化以假髮片堆疊出層層纏繞的花瓣，金紙上的經文刻畫在臉上身上，我們幻想著亡故之人乘坐在這些蓮葉上隨菩薩往西方而去，就像《裸・喪》裡我們幻化出的紙蓮那樣綺麗、那樣柔美。

paper lotus

蓮（紙蓮花）

親手為你折的一朵朵，是思念

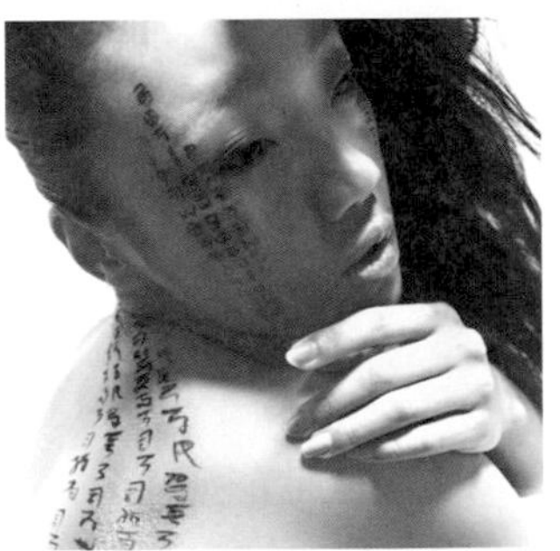

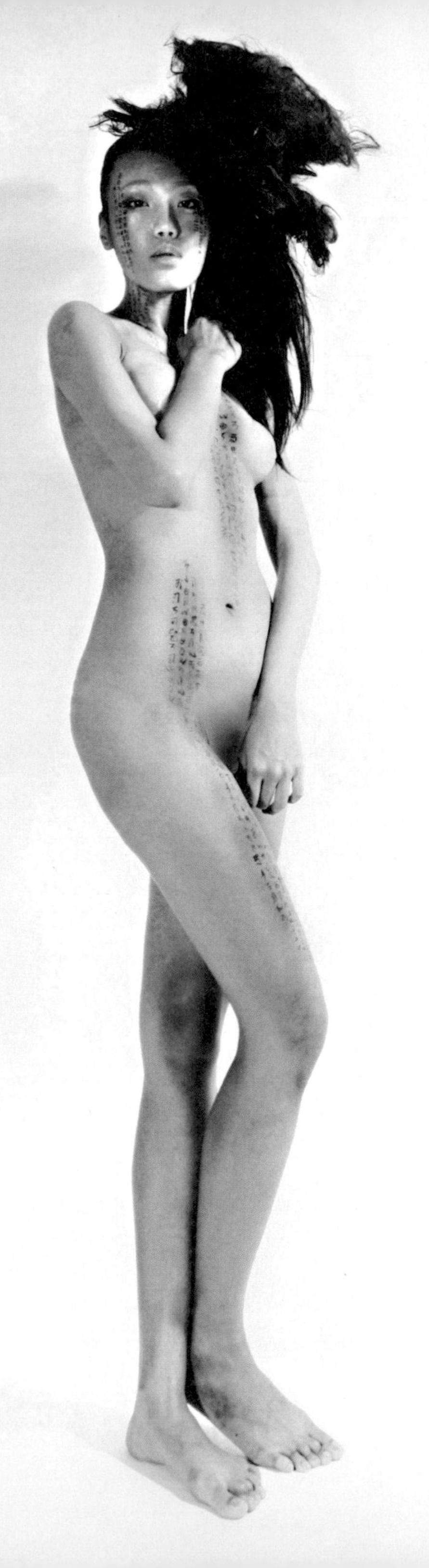

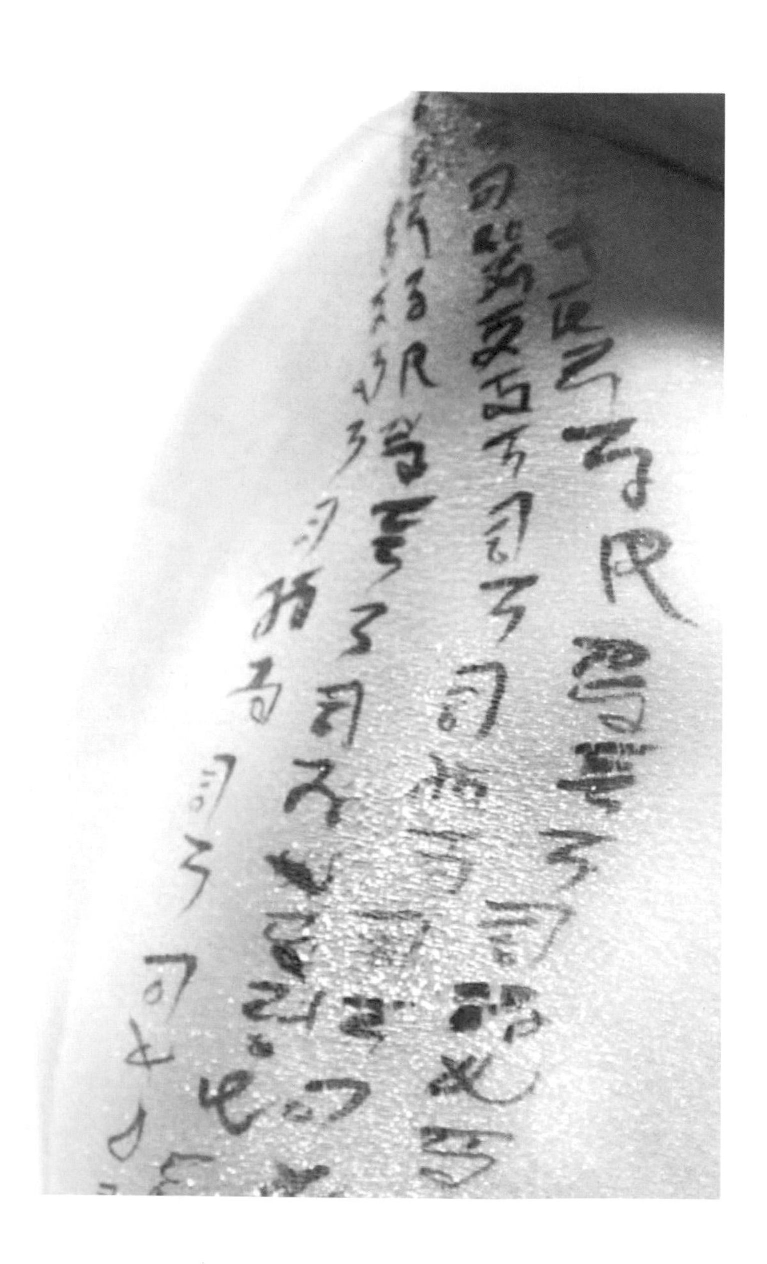

訣別宴
Farewell Feast

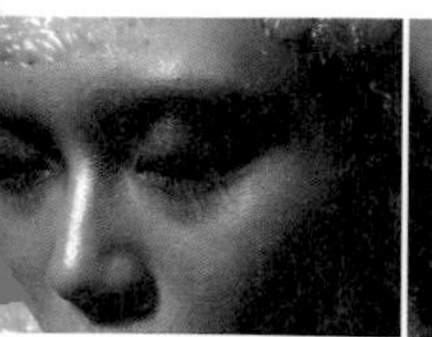
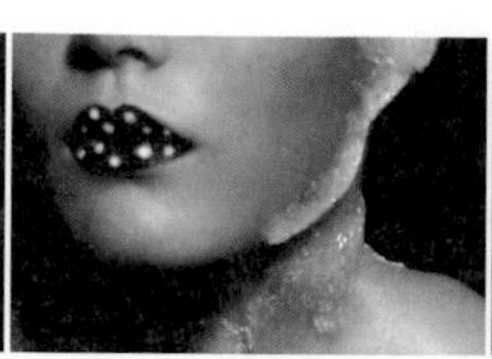
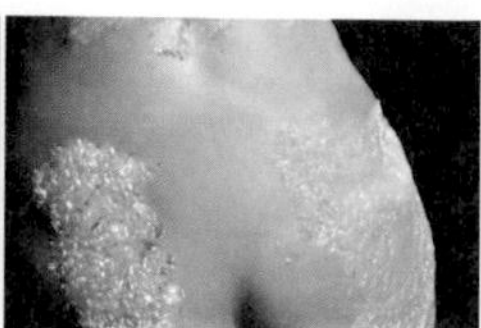

訣別宴（腳尾飯）

這誠摯的一餐，只望你走得一路平安

好久好久以前，人們會在亡者的腳邊擺上一碗飯，據說是因為在古時候荒蕪，為了防止蟲蟻鳥獸嗜咬大體才準備的。而現在繼續沿襲這項傳統，則是因為人們相信，人往生之後魂魄會停留在世上七天，為了讓亡靈食用而置放；更為了照亮冥路，會再點起一盞燈。

類似的習俗舉動在清明時節和初一十五也很常見，玟彣一直到現在都還習慣在神明桌前祭拜祖先時順道和爺爺聊聊天，驕傲的說今天的飯菜是自己煮的，問爺爺好不好吃，現在在天上過得好不好？

她說爺爺是在自己讀高二時「不見」的，爺爺那年走得很突然。雖然患有輕度阿茲海默症，但是爺爺在神智清醒時都還能自己出門到處走走，身體一直相當硬朗，直到某天上課途中玟彣在學校被廣播召回家，狐疑的她打電話給爸爸，驚訝的聽見爸爸在另一端無助的嗓音，只短短說了句「阿公無去阿（台語爺爺不見了的意思）。」就這樣回到家後她跪著爬上二樓，只看到爺爺躺在床上，睡得很安詳。直到火化那天她在心裡還認為爺爺不過是在那張床上很安靜的睡了，怎麼可能會「不見」。

她雀斑下的鼻子紅撲撲的，固執的使用「不見了」而不是「死亡」或「離開」來形容。即使在爺爺已經過世六七年後的現在，她還是不願意回到爺爺當初過往的那個場所，「我看到那張沙發的話，還是可以想起當初我常常陪爺爺一起坐在沙發這邊看他最喜歡的節目。還有那缸魚，爺爺最喜歡養魚了，但是在他不見之前，那裡面的魚很奇怪的一隻一隻死掉，出事那天，魚全死了，現在都已經空了。」我突然回憶起我爺爺過世前的一次病危，爸爸好像說過他家裡養了好久的一條紅龍也是在那次離奇的死掉了。後來聽一些人說，感情深厚的寵物是會替家人擋去一些劫數和災禍而受傷或死亡，但真相是否如此我就不得而知了。

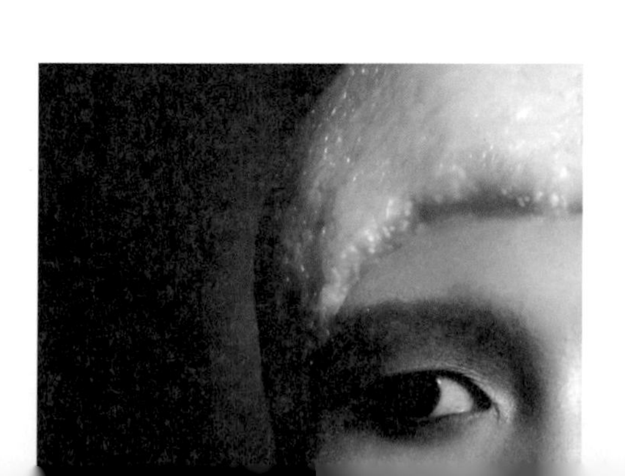

無論擁有多堅強的性格，在提及死亡時，人的心中都好像會出現一種殘破陰影，不斷陷入沮喪深淵。有時候賦予一些儀式不同意義，卻可以讓一切變得能夠承受。在訣別宴中我們替亡者準備的最後一餐，為的是讓他們回去路上別餓著了，腳尾燈點亮亡靈最後一段道路，最後這一路就好好走吧。

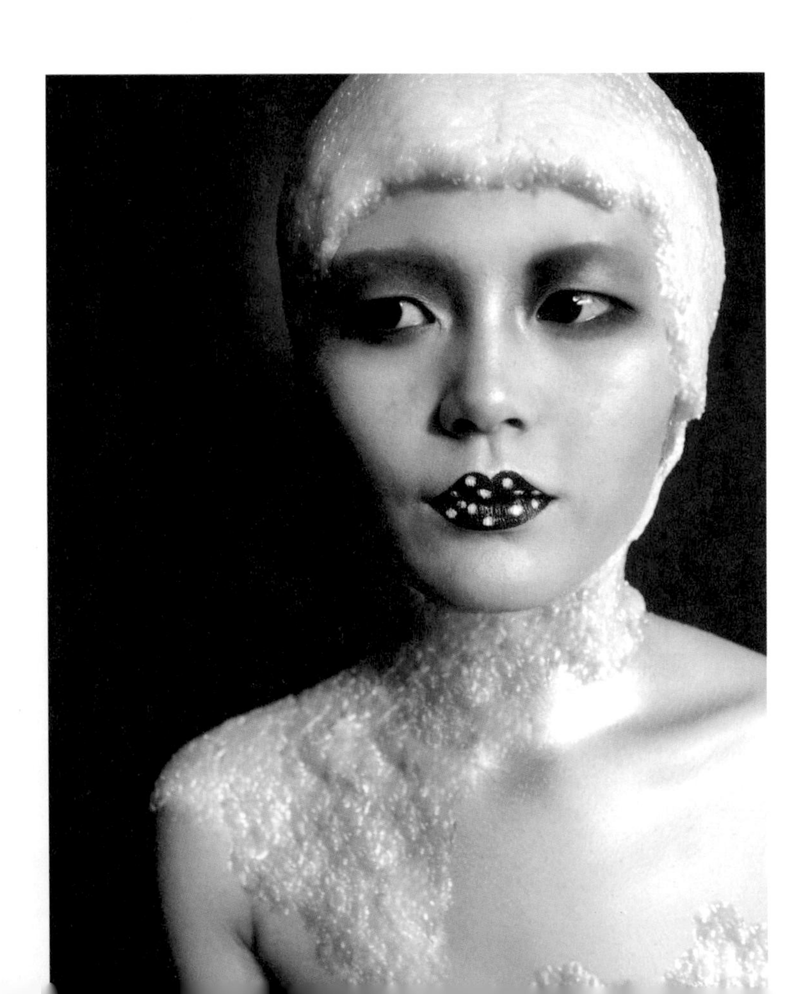

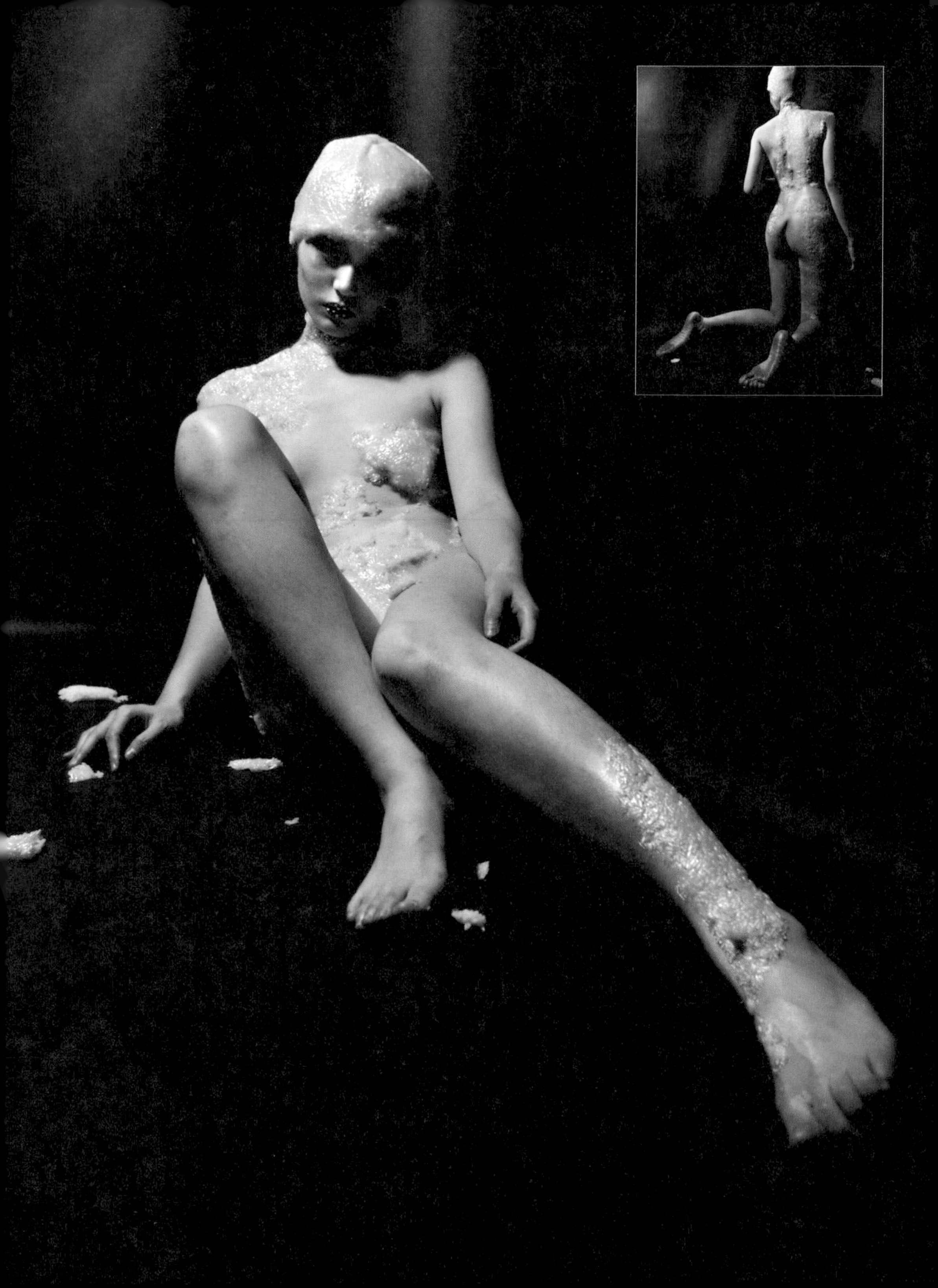

Farewell Feast

訣別宴（腳尾飯）

親手為你折的一朵朵，是思念

Farewell Feast

訣別宴（腳尾飯）

親手為你折的一朵朵，是思念

Farewell Feast

訣別宴（腳尾飯）

親手為你折的一朵朵，是思念

守護
Guardian Corpse

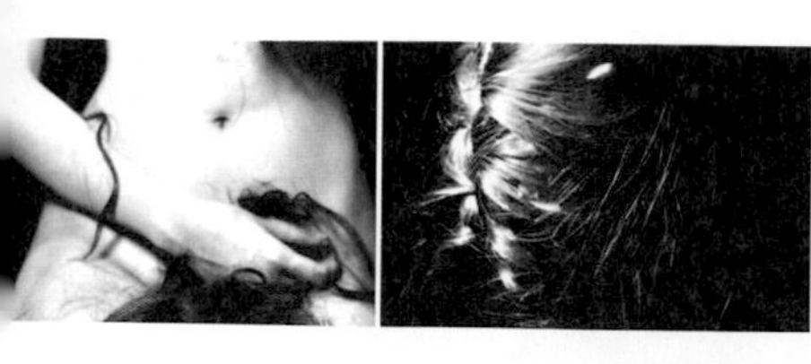
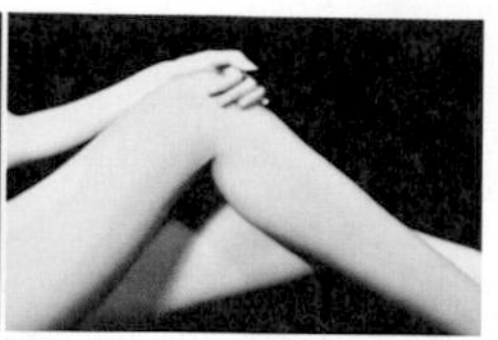

守護（守舖）

七個無眠的夜，讓我守在你身邊

「我記得那時候圍了一圈布簾，雖然看不到樣子，但是我能看到奶奶的一雙腳，就躺在那裡。」容萍的眼神好像還是可以伸長脖子穿過那層布簾，殷殷切切的望著奶奶。

容萍一直是個不多話的朋友，我在高中認識她時，對她的第一印象是眼睛大得嚇人，嘴唇卻小得可愛，她老自卑自己「沒有下巴」，這總讓我們都笑彎了腰。我以為她沉默的個性一定讓她在孩提時期就獨立又孤僻，沒想到她卻說她小時候最喜歡繞著奶奶撒嬌，我著實嚇了一跳。她從小讓奶奶帶大，而她說奶奶是在她大約小學五六年級時走的，因為癌症。

「其實奶奶不是第一次住院了，在她過世前的一段日子就經常進出醫院，不過奶奶都還會在病床上跟大家聊聊天或伸伸懶腰，感覺好像過幾天就可以健康出院。但是在容萍說到她記憶中最後一次到醫院看奶奶時，她把手遮住雙眼，好一陣子講不出話來。「我記得奶奶一直都瘦瘦的，很有精神的樣子。可是那天我看到她打著點滴，不曉得醫生是不是注射了什麼藥物，奶奶的頭髮都掉光了，手上的指結腫得好厲害。才幾天而已，怎麼奶奶會突然間就這麼病懨懨的躺在床上？」容萍眼淚一串一串的掉，哽咽的把她想說的話表達出來「如果被奶奶看到我哭的樣子，她一定會好捨不得，所以那時候好不容易忍住了眼淚才走到床邊，摸摸她然後叫聲奶奶。」我真不敢相信那時候強忍淚水的容萍不過只是個還在讀小學的孩子。後來奶奶在她生命剩餘的一段日子裡出院，搬回她熟悉的家才走向終點。

「在冰櫃裡面我就已經先看到禮儀師把奶奶梳化好的樣子，簡直跟她生前一模一樣，連頭髮都有了。」容萍看著我很堅定的說「我很高興，這個是我認識的那個奶奶。」後來依照喪禮習俗，把大體擺放在廳堂守舖的

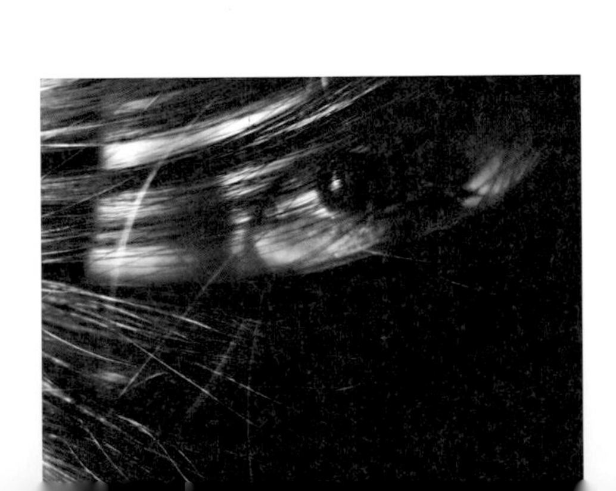

那七天，容萍卻是一步也不敢接近大廳中布簾圍起來的棺木，只敢偷偷在縫隙中撇見到奶奶的一雙腳。她憶起曾經有一次，她夢見奶奶牽著她和她的兄弟姐妹們出去玩，就像以前奶奶還很健康時那樣，這時候我看到容萍嘴角輕輕的笑了。

昔日守舖這個習俗是要鋪上稻草睡的，如今社會變遷，已有了許多不同的應變措施，有的可能打地鋪、舖草蓆，有的或許睡沙發，但唯一不變的，就是在這七天七夜裡守在亡者身邊。

如果讀者仔細觀察，會發現書中模特兒的頭髮像個鎧甲面罩似的編織在臉部正面，模特兒的表情若隱若現，帶著可能是哭紅了或疲憊不堪的雙眼和嘴角晶燦的淚珠，象徵了親友眷屬們像個忠貞的騎士，藏起自己內心的傷口，不眠不休地守護著早已殘破不堪的堡壘，然而他們無怨無悔。

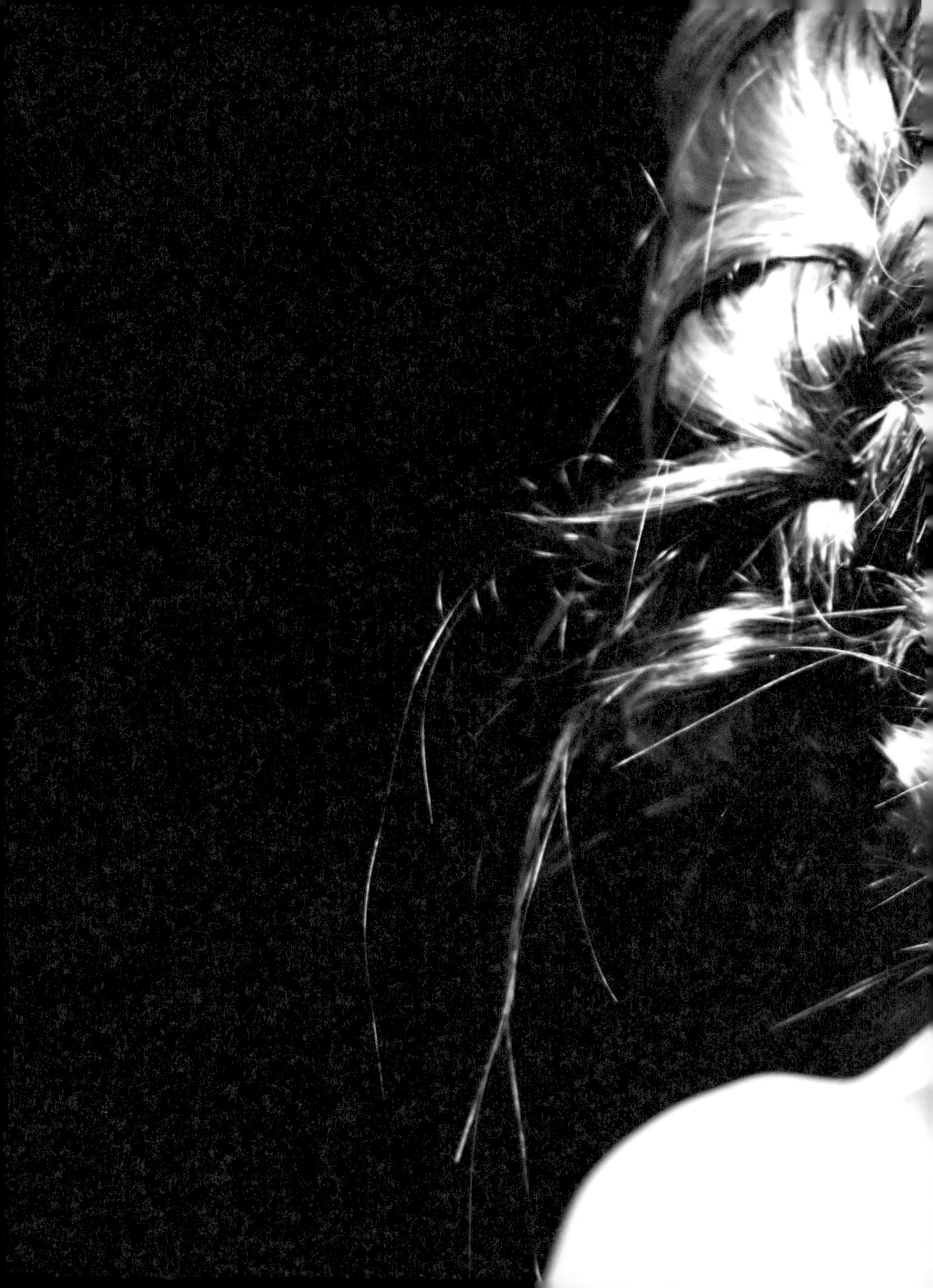

裸喪

Guardian Corpse

守護（守舖）

七個無眠的夜，讓我守在你身邊

Guardian Corpse

守護（守舖）

七個無眠的夜，讓我守在你身邊

立香
Incense

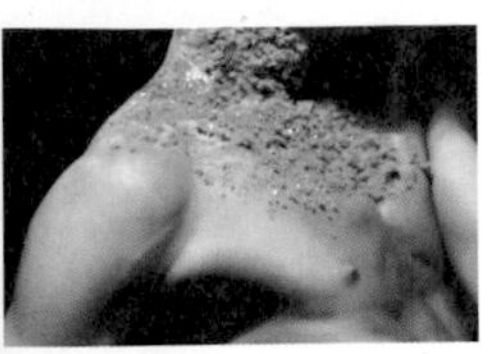

立香（香）

一縷絲煙，是我傳遞私語的媒介

那年我和容萍以及玟彣從高中畢業，一起離鄉背井到高雄唸書，正好是念到大三那段時期，大阿姨也從我高三發現癌症後就一直很努力的撐了三年，連醫生都直呼這簡直就是奇蹟。大姨從小心臟就不好，並沒有生兒育女，所以總是把我當成自己的孩子般寵愛，在她生病的那段日子裡，我也曾經辭掉工作趁著暑假住進醫院照顧她。之後來到高雄，進醫院探望大姨的機會也就越來越少了。

我依稀記得，走近單人病房，遠遠的就能聞到一股清澈的沉香味，聽說佛教都用沉香，道教才專用檀香，祭拜祖先則通常是用尺三的香，神明是使用尺六的。但是這麼複雜的規矩我永遠搞不清楚，只知道最疼我的大阿姨身邊總是會點上一串香，縈縈繞繞地在各個角落圈著這麼瘦弱的大阿姨晃呀晃。

「不用敲。」外婆說。於是我推開厚重的門筆直的走向病床，床尾小阿姨正在按摩她的雙腳，我沿著床邊坐下，伸手開始摩擦她只剩下骨頭的右手，不敢太用力的，慢慢滑向肩膀再一路沿著筋肉按到手腕。她以前身體狀況好時，總會稱讚我按得最舒服，每當這個時候，我總慶幸高中曾學過美體護膚的按摩技巧。我偶爾看看她正享受著按摩而熟睡的側臉，當然外婆還是免不了的念個幾句要我講話小聲點。而按摩的雙手沒停下來過，我和小阿姨都是。

細長的手指，指尖的指甲全部剪得乾乾淨淨，手背的青筋微微突起，皮膚因為毒素長久的累積呈現出不勻稱的黑，脖子上動脈規律而誇張的跳動著，這時候她嘴巴微張，像是被撈出水缸的魚，唇口一張一合的想再多掙扎著一些氧氣，小阿姨笑著說大姨她睡迷糊了。接著醫護人員敲了門，進來量一些我看不懂的數據又走了出去，再來是打掃的歐巴桑和剛講完電話的菲傭，一陣熱鬧過後病房裡又歸於沉靜。大約下午三四點她漸漸

醒來，小阿姨到冰箱拿了點木瓜一小口一小口的餵著她吃，外婆在旁邊告訴我說大姨容易感到口乾舌燥，但腹部裡滲出的血水讓她不能補充水分，只好以蘆薈或是冰塊和一些水份高的水果代替。吃完水果後小阿姨幫她翻過身，我們兩個人四隻手合力輕輕拍打她的背和臀部。外婆問她要不要下床走走，她說今天精神比較不好，明天吧。然後她又闔上雙眼，靜靜聽著不斷重複的佛經，我看著那脖子上的脈搏，還在跳動。

外婆最後累了趴在椅背上小憩，小阿姨看看時間，體貼的開口要我們先回去休息。「不行！」我差點就這麼叫出聲來，我還有好多好多話要說，我要告訴她我們都很愛她，我要告訴她我會一直過得很好，我要告訴她我永遠不會遺忘她，還有那麼多美好的想法沒說出口，我還不要走！住進這裡的人已經了解他們或許沒有機會回家，知道他將要和某些人告別，知道他就要走向那未知，令人恐懼的盡頭。但是我絕對不承認這有可能是我們最後一次見面，最後一次聊天，最後一次幫她按摩，我不敢表露我的愛，因為這聽起來就像是告別，如果我說了我愛她，就好像已經放棄她了。外婆拿起外套然後把機車鑰匙交給我，要我跟大姨說聲再見。我站在床邊，右手握住她的手，外婆開門前，我回頭看到的是一個殘喘的生命躺在床上，佛經還在播送。

Incense

立香（香）

一縷絲煙，是我傳遞私語的媒介

習俗中有這麼一項禁忌，在白髮人送黑髮人的例子裡，長輩不可以去弔祭自己已故的兒女。但在大姨過世後，外婆還是固執的站在我們身後，看著我們拿起三炷香，一邊口中喃喃念著對大姨的思念，我不曉得外婆都對大姨說了些什麼，但往往是一雙手舉得高高的，面容已沾滿了淚水。我從小就疑惑為什麼拜拜的時候總要點燃三炷香，大人們告訴我，「這是神明吃的東西。」但是現在我認為，立香是一個媒介，一條連結陽生與陰世的管道。我們把私密的情語繫在冉冉上升的香霧裡，藉此傳遞到陰間地府或極樂世界。

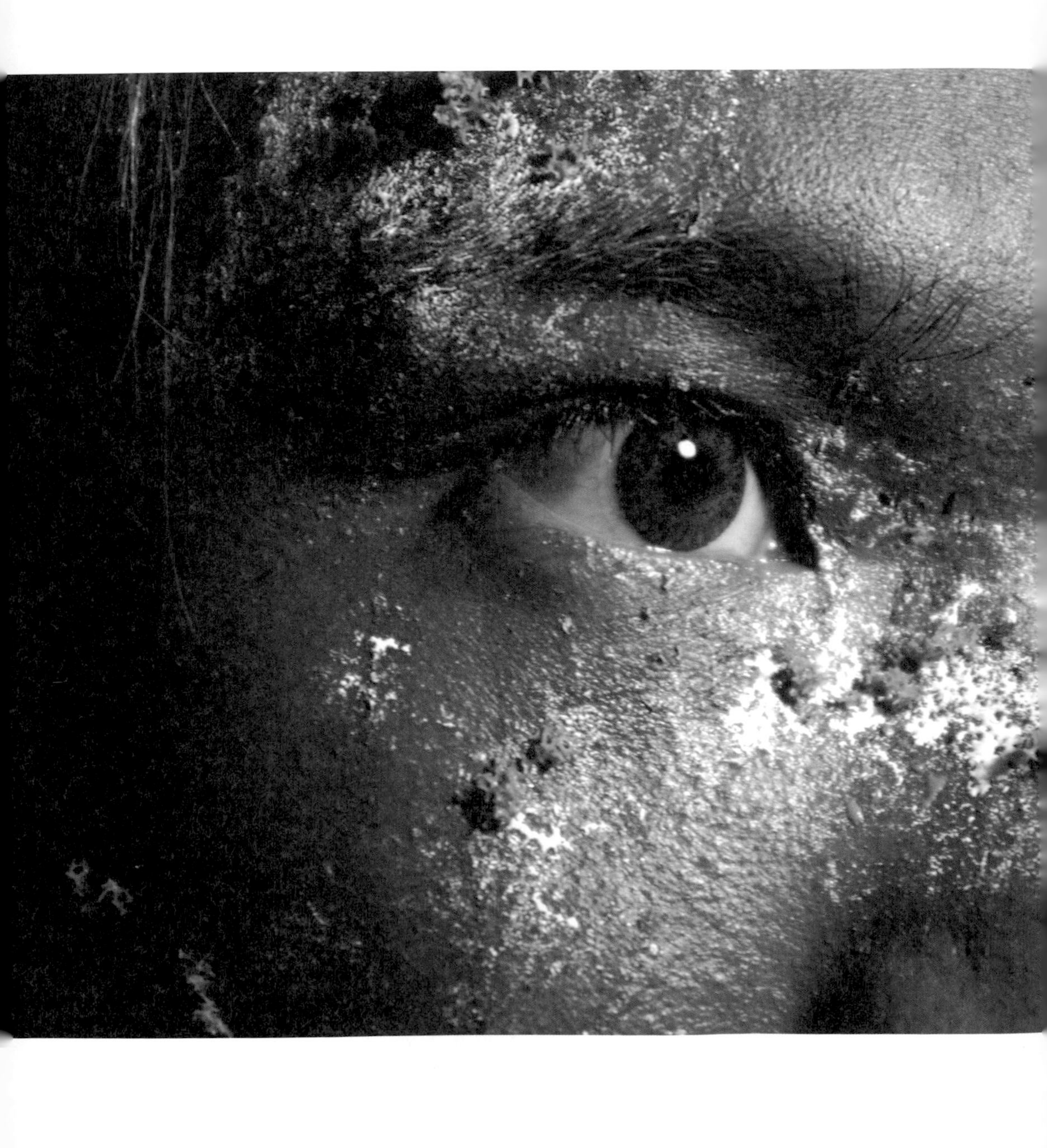

Incense

立香（香）

一縷絲煙，是我傳遞私語的媒介

Incense

立香（香）

一縷絲煙，是我傳遞私語的媒介

Incense

立香（香）

一縷絲煙，是我傳遞私語的媒介

立香（香）

一縷絲煙，是我傳遞私語的媒介

一瞬永恆

Photograph of the Deceased

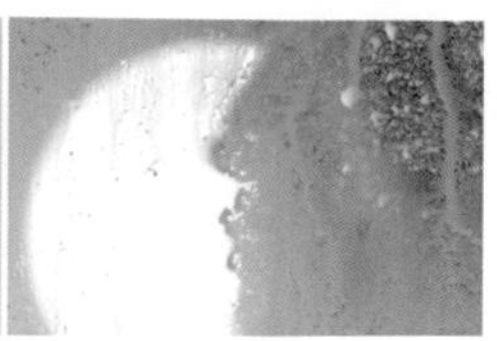

一瞬永恆（遺照）

你的雙眼一定穿過那層玻璃，不捨我們掉下的淚

容萍的親戚眾多，而家庭成員之間又相似無比，我總是喜歡看她拿出聚會照片認真的為我一一介紹，「這個是二姐和我媽，角落這邊是小姑姑，長得很像吳奇隆的是我爸爸！」她的手在照片裡天花亂墜地指認著。「跟我長得一模一樣的是妹妹，然後這位就是我大姑姑。」我定睛想要更仔細地看清楚大姑的長相，容萍曾經告訴過我，她去世的奶奶長得跟大姑一模一樣。雖然她與大姑之間不像和奶奶一樣親密，但她卻好像可以在大姑姑身上看到奶奶的身影。「每次見到大姑姑我就好想過去抱抱她。」我順著容萍靦腆的眼神再一次看向她手裡指著笑得開懷的大姑，努力想像她臉上佈滿皺紋後的樣子。

我家的神明廳設置在三樓廳堂，沿著樓梯扶手爬上去之後抬頭第一個映入眼簾的，是阿祖和阿太的遺像。記得小時候外婆就常常拉著我的手告訴我有關阿祖的一些往事，外婆也曾對著阿祖的相片嘆息，請求在菩薩身邊的阿祖保佑我們平安健康。

人們會把家中已逝親人的遺像掛在家中，回憶起過去那些點點滴滴時，還常透過遺像的表情猜測故人現在的心境變化，有些會在清明時節掃墓祭拜時，擲杯詢問先祖神明的意見。台灣的這種習俗就理性而科學的角度來看不免古怪好笑。

攝影源於底片的銀鹵素感光，對於感光過的相紙而言，它或許早已遁入死亡的境遇，畢竟相紙只是一張平面的載體，歷久之後並不會彌新，反倒會以氧化的方式泛黃。對於相紙中的人物而言，他或許早就已經去世，但是觀者的回憶仍在進行著。即使照片中的人物偶爾還是會左右觀者的思緒，但相紙不過就是光影與顯影科技的化學變化而以，它不可能改變表情，也不會變換姿態。擲杯代表的也只是數學上的機率數字，但台灣習俗卻把這些視為與亡靈溝通對話的一種有效方式。

我們經常對著照片說話、談心，有時候端詳著遺像許久，然後懷疑相紙中的人似乎是皺了眉頭還是揚了嘴角；當人生中遇到叉路無法抉擇時，也常拿起杯筊往空中一拋，以陰面陽面論定亡靈或上天給予的指示。我們在攝影現場中，事實上是隔著一層透明玻璃拍的，有時玻璃似乎是若隱若現，有時又感覺不出它的存在，指推波浪和褐色挑染朔造出相框的立體浮雕，妝感彩繪轉化了懸掛的白色緞綢，而模特兒深邃五官讓他的表情在光影掩蓋下看不出眼神想要傳遞的訊息，究竟亡靈是不是真的穿梭於現世陰間保佑著我們？

如果真有魂魄的存在，他們寄宿在遺像裡，看到自己深愛的家人們一個個流著淚低頭跪膝，在相框玻璃內的他們會不會同樣的肝腸寸斷，心也碎裂得無法拼湊？當玟彣每每端上飯菜拿起香炷，站在爺爺遺像前和他聊天時，那畫面中，爺爺是不是也坐在一旁，溫柔和藹地對著玟彣笑呢？在玟彣對他述說委屈及不安時，他會不會伸出他佈滿皺紋的手拍拍玟彣的背呢？他或許換了個方式繼續看著我們的成長，照護我們度過每一個艱難的關卡，我想每一位失去過至親的讀者都會跟我一樣，繼續著這不可思議的信仰。

Photograph of the Deceased

一瞬永恆（遺照）

你的雙眼一定穿過那層玻璃，不捨我們掉下的淚

Photograph of the Deceased

一瞬永恆（遺照）

你的雙眼一定穿過那層玻璃，不捨我們掉下的淚

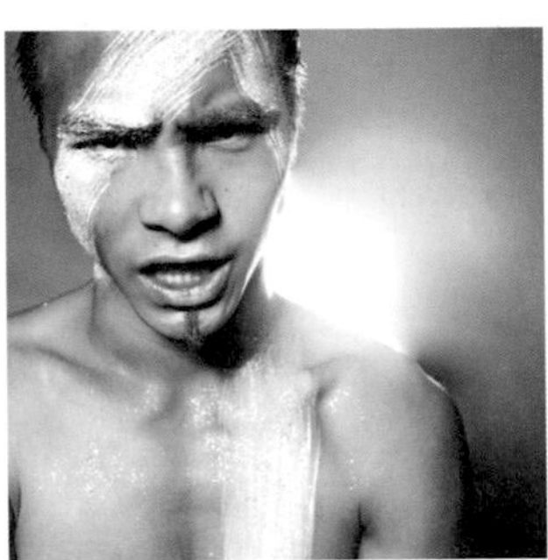

最後一面

Encoffin

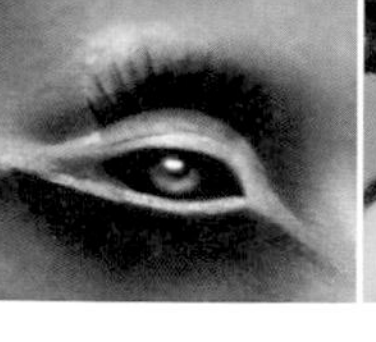
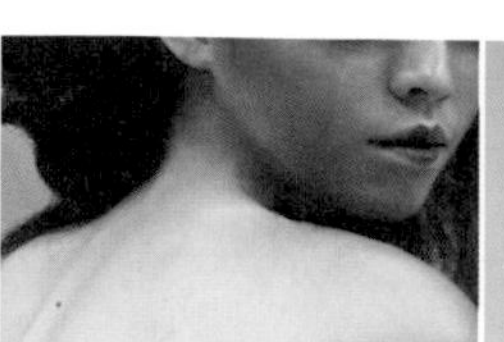
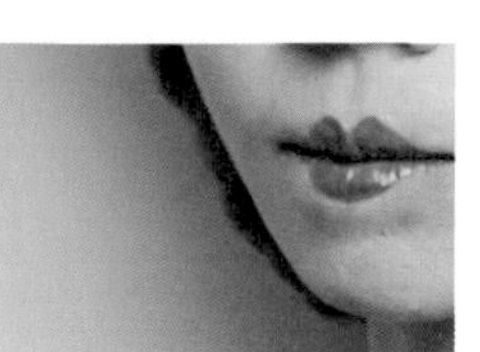

最後一面（入殮）

替你洗淨每一吋肌膚，帶上祝福

我想，這次輪到我分享屬於我自己的故事了。我一個此生最要好的朋友，認識她有11年的時間了，她總是笑著很開朗的樣子。

她的孩子從一出生就很特別。聽人家說，當年她真的是費盡千辛萬苦，做了多次受孕手術，好不容易才懷上一個寶寶。可惜這個寶寶並沒能留住她那花天酒地的丈夫，在寶寶還小時，他們離婚了。

漸漸的，她得了憂鬱症，卻從來不向任何人提起，也不願意找醫生，接下來甚至常有輕生的傾向。

還記得那段日子，我常常接到她又出事的消息，卻什麼忙都幫不上，只能守在她床邊，看著她服下鎮定劑後輕輕睡著的側臉，房子裡的血跡怎麼樣都擦不掉。

有一次，在課堂上，一個看起來像是老師的人出現在教室裡叫著我的名子，要我趕回家。我心裡有種黏稠的液體緩緩散開，一切都像是慢動作播放著。我坐上了車，到達醫院，看到她的家人們一個一個在急診室門口流著淚。

她站上自家高樓圍起來的陽台，然後往下跳。最後一眼見到她，她躺在未來會永遠住著的地方，很安靜很安靜地睡著了。在一個小小的空地，就只有幾個人替她唸了幾句經。她拋下了她的父母親、大姐小妹弟弟，還有她的女兒，離開這世界，我永遠記得她躺在那裡的表情，非常陌生。

她是我的母親，那年，我11歲。

可能是因為當時的年紀太小，對於喪禮的過程完全無法理解，只意識到有好多和尚在念經、好多人在哭。印象最深的，是入棺前那個時候。她去世那天我被關在急診室外面，一心認為只要讓我在她身邊喊她的名字，她一定會為我張開眼睛，但聽大人們說，小孩子不可以看死掉的人，長大後我才知道，原來媽媽當下的死狀太過悽慘，家人們怕我年紀太小承受不了，所以一直到入殮前梳化完整後我才能見到媽媽的最後一面，但我卻一點都不認識她，我幾乎就要對躺在那裡的那個女人尖叫。

我原以為回到家，媽媽就會惡作劇似的從房間裡蹦出來嘲笑我哭喪的嘴臉，但什麼都沒發生。我一

點食慾也沒有，忘了是誰到廚房煮了一大鍋麵，端了出來分成小碗，每個人都默默吃著，只有我死死的瞪著那碗麵，沒有動筷子的欲望。大人們催促著趕快吃，只好輕輕地啜了口湯，緊接著囫圇吞棗地把麵都吃完，這才發現原來肚子早就餓了。我用已經麻痺的嘴咬著口中的麵，鼻涕一把把的流，11歲時的我感覺自己可以就這樣死掉算了。

母親的死亡是我傷慟的起源，但也何嘗不是我創作《裸．喪》的泉源？入殮在傳統上是要在棺底舖放稻草灰及六斗七星碗等以吸收屍水，更古早還會讓死者口中含上珠玉寶石，而入棺前都會有位禮儀師將大體擦拭乾淨，甚至在現代還出現了專業的化妝師替亡者打扮梳理上妝。

事實上這些習俗都是有其涵義在的，以往禮儀師所做的工作，就像習俗中的「買水」，除了替死者清潔外，還有個「開眼」的動作，即是用布擦拭死者雙眼，望死者走在冥道上能看得清楚，而口內含珠則是讓死者在黃泉路上不致挨餓受凍。此次，在模特兒的髮型上也能看見六斗七星碗的圓狀外型，開眼含珠則用假雙眼影技巧及小嘴唇彩做意像式轉化，我們希望已逝的亡靈在黃泉路上好好的走，沒有牽掛。

Encoffin

最後一面（入殮）

替你洗淨每一吋肌膚，帶上祝福

燭淚

Candle Drips

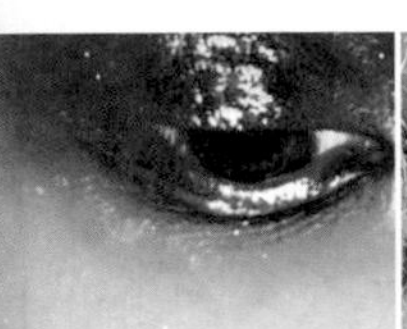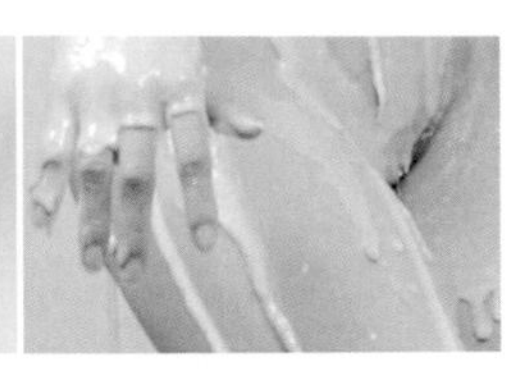

燭淚（蠟燭）

看！連燭芯都在為你淌淚

大阿姨終於出殯那天，我得從高雄趕回台中新社奔喪。

大姨丈在當地開設中醫診所，好多人都來了。

下車後和一些還算是見過面的親戚打過招呼，我便跨過臨時搭建起來的帳棚走進診室，經由長長的走廊，通過了小客廳、客房、倉庫、佛室、廚房，平時朝氣蓬勃的地方一路上卻都是在哭泣的人們。

總感覺，她就在前面，還在下一個門口打開的地方，或在那個轉角看著為她哭泣的人。

想來好笑，但我真的認為走進廚房時會看到大姨正好端著菜餚出來，真的以為會聽到她問我一句餓了沒？要不要過來吃一碗？

Candle Drips

燭淚（蠟燭）
看！連燭芯都在為你淌淚

深呼吸。我站在廚房門口吐著氣，然後深呼吸，外面的人叫著要我出去送大姨走了。好幾次三跪九叩，我膝蓋上的車禍傷口差點沒併裂開，但再怎麼痛還是堅持著跟大家一起下拜，至少這最後一程要好好送她走。一個小小的喪禮卻有那麼多人親自趕來上香，外婆驕傲的說，大姨是個很有大智慧的女兒。那時好多人都哭了，連誦經師父們也是。但我想她在上面一定很開心，肚子不會痛了、手腳也都不會顫抖了，皮膚不會是乾巴巴的那樣子，一定是容光煥發，燦爛地笑著。我能看到她像蝴蝶破蛹一樣飛起來，摒棄了窄小的軀體，和菩薩一起升上去了。我們並沒有失去她，我們和她緊緊聯繫，生命還會繼續下去，我們沒有理由悲傷。

孝堂上經常可見除了俗知的罐頭塔遺像等，還會設靈幃置靈桌，供奉魂帛及一對蠟燭、供花供果、燈火日夜不熄。我們將滴落的燭油以包頭形式及彩繪表現在模特兒的髮型和身上，而燭火光暈的燃燒型態則可於模特兒的妝感上發現。在設計這個主題時，不由得想起李商隱的「蠟炬成灰淚始乾」，我們對亡者的思念也如同初春裡的蠶蟲，直至絲盡才能斷。那麼淚水就由蠟燭替我們流乾罷。

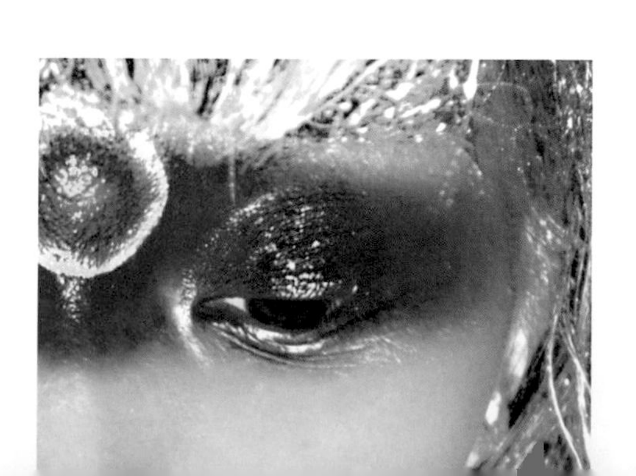

Candle Drips

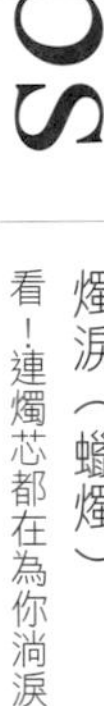
燭淚（蠟燭）
看！連燭芯都在為你淌淚

悲歌
Elegy

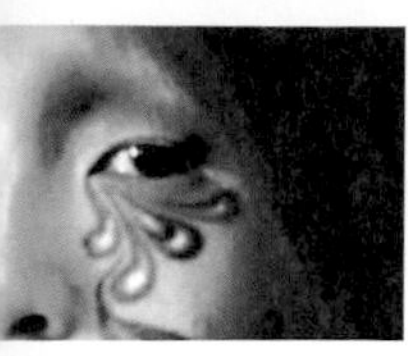
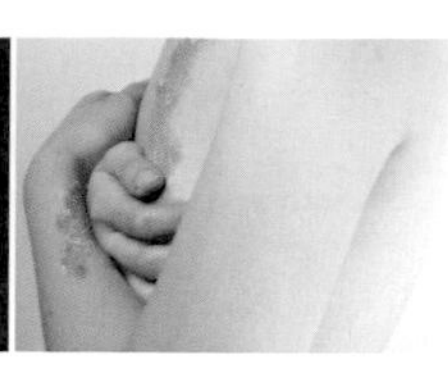

悲歌（哭喪女）

我知道自己必須堅強，但至少讓我崩潰這一次

「You’ll never realize how strong you are until you have no other choice but to be strong.」這句英文諺語傳遞出我們這個主題最需要被理解的一句話：你永遠都不會知道自己到底有多堅強，直到有一天你除了堅強別無選擇。

在我爺爺過世那天接到許久沒有聯繫的父親的電話，他要我回嘉義布袋一趟。頓時翻攪的思緒把我拉回到了童年，從懂事開始就是媽媽陪著我長大，甚至要用什麼樣的語氣叫一句爸爸對我而言都可以成為一種煩惱。在早已泛黃的模糊記憶裡他好難得才會見我一面，而每一次的最後，總要所有人哄騙到我哭鬧得精疲力盡才能離開，醒來時卻只能自己面對沒有他在的家，直到我學會如何習慣。

他讓我感覺自己的存在是那麼多餘，父親另外有個家庭，生了孩子，我不認為自己能出現在他和他家庭成員的生命裡。相對的，爺爺和奶奶也是讓我同樣陌生，但我曾經看過倆佬牽著剛學會走路的我在老家院子拍的照片，卻是一點印象也沒有了。聽到爺爺驟然逝世的消息的確是相當震驚，但讓我最訝異的是父親堅定的嗓音，絲毫聽不出一點哀戚。

哭喪女其實是出殯其中一個環節的領導人，在她的引導下孝女孝媳們依序倚棺哀哭。雖然哭喪女與亡者非親非故，但往往哭喪女卻是哭嚎得最悽厲最銷魂的一個。因為我對爺爺感到陌生，所以在這個流程裡禮節上該跪的該叩頭的，確實跟著身旁陌生的親戚們一一做足了，但眼淚怎麼著的就是掉不下來，直到繞棺結束後，我們在一旁休息，等待道士下一步指示時才赫然見到父親滿臉淚痕，眼睛哭得又紅又腫，此時才知道，原來父親堅強的背影一直擋住了我的視線，讓我看不清他脆弱的情緒崩潰，也許我希望不再看他哭，只不過是為了讓我自己好過一點。

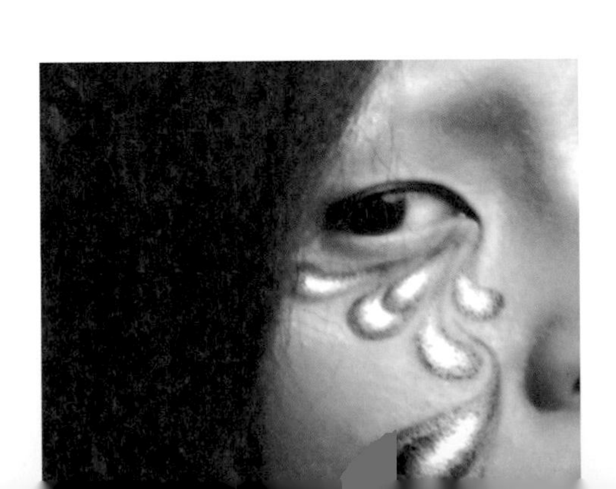

在玟彣說起她遇上的那位哭喪女時，她終於漾開那本來還帶著淚的彎彎眼角。「我哭得比哭喪女還要厲害，儀式結束後媽媽擔心的直盯著我看。」

在玟彣爺爺去世後的某天，她們一家人守在客廳，所有孩子們當中只有玟彣夢見他回來。

「那時候太累了，早就倒在沙發上睡得不醒人事，但是我一直聽見四周有好多人聊天的聲音，好吵，朦朧中和大家說話的就是爺爺，可是我好睏，不曉得哪裡湧現的一股力量促使我爬起來大叫。」玟彣愧疚的低下頭說「經我這麼大吼，所有人都嚇了一跳，我也是，爺爺就這樣不見了。」那時候的她才突然間體認到，爺爺是真的走了，再也不能回來了。

因為至親的離開，我們的心只剩下半顆還在胸腔搏動，剝落的皮膚顯現出已經被掏空的情感好像金屬那樣冰冷，哭喪女那麼撕心裂肺的痛表現在彩妝上，孝眷們所著的喪服粗糙不堪則以髮絲質感相互輝映。喪禮流程中有這一段直觸人心的情感宣洩，會不會其實對生者是一種救贖呢？

Elegy

悲歌（哭喪女）

我知道自己必須堅強，但至少讓我崩潰這一次

Elegy

悲歌（哭喪女）

我知道自己必須堅強，但至少讓我崩潰這一次

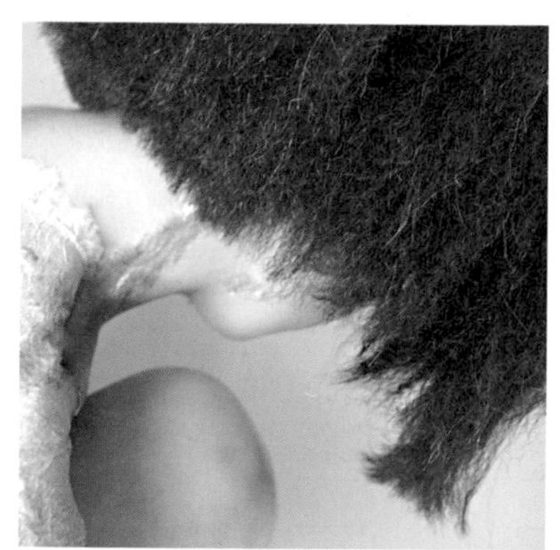

Cremation

燚（火葬）

別怕，最後這一程有我陪著

「讓已經冰冷的人重新煥發生機，這要有冷靜準確而且懷著溫柔的靜謐情感，所有的舉動都如此美麗。」這一段話來自於2008年一部以禮儀師為主題的電影，這電影在2009年獲得了第81屆奧斯卡金像獎最佳外語片的獎項，同時也在我心理烙下了不能抹滅的深刻記憶。

腳色裡面有個相當稱職的綠葉，一位總在同一家澡堂光顧的老先生，在澡堂老闆娘火化時，他按下按鈕前說的台詞讓我淚水奪框而出。「感嘆之後，就開始一點點回憶過去。死可能是一道門吧，逝去並不是終結，而是超越，走向下一程，正如門一樣。我作為看門人，在這裡送走了很多人。說著『路上小心，總會再見的。』」他將火化解釋為通過一扇門繼續往下走的旅程，不知道是不是因為這個原因，他在按下開關後並沒有為老闆娘哭泣。

我們的生命是很短的一段時間，每一次呼吸都讓我們離死亡更進一步，只是有些人走得快，有人走完全程似乎就靜靜地離開了。

我的外公又高又帥，一百八的身高在眾多老人家當中是顯得那麼英姿挺拔，身為老榮民的他，總是抽著一口又一口停不下來的長壽菸，在最後那一段被診斷出肺癌末期後的每一天，都會坐在看電視的沙發上，眼光穿過陽台的落地窗，越過逢甲區的屋頂，看向傾斜的夕陽。我想像他躺在沙發上，感覺自己的體溫一點一滴流失，他悄無聲息、簡簡單單離開這個世界，就像他活著時一樣。

外公火化那天，小阿姨聽從他的話把喪禮打理得簡簡單單，沒有過度渲染的哀愁，也沒有繁重的複雜禮節需要遵守。在火葬場等待火化時，和我以往所有記憶中的悲慟全然不同。我們一家人小小的圍坐在等待區，身旁走過的人一個個愁容滿面，然而我們卻輪流笑談著外公生前的故事，即使有人笑容中是帶著淚的，卻也不會刻意為了揮霍悲傷而失控。

我感覺得到我和家人之間有一陣暖暖的氣流互相包圍著彼此，有點像寒冬中的企鵝簇擁著取暖的樣子，彼此間有很濃郁的愛擴散開來。我們不是對於外公的逝世那麼冷漠，而是我們的愛太濃烈了，那是一個家庭成員互相扶持、彼此茁壯的結果。

我希望把這樣的心情也傳遞到《裸．喪》裡去。因為死亡不是悲傷的，不需要難過，你可以掉幾滴眼淚，但是別哭得那麼撕心裂肺；或許會感到後悔，但人生就是需要更多的情緒哀愁拼湊才夠完整。我希望，有那麼一天，當我也老了，看到盡頭就在眼前的時候，身後被留下的那些人們可以笑談我們的愛，而別用眼淚埋葬了我。

這個主題的模特兒躺在熾熱火海裡，漸層的染髮技巧就像髮絲沾上了火燄，辣辣燒灼著，唇彩上的色調像是在火燄中逐漸碎裂的璀璨結晶，而身後的窗外風景則是在另外一個世界裡了。

Cremation

燚（火葬）

別怕，最後這一程有我陪著

Cremation

燚（火葬）

別怕，最後這一程有我陪著

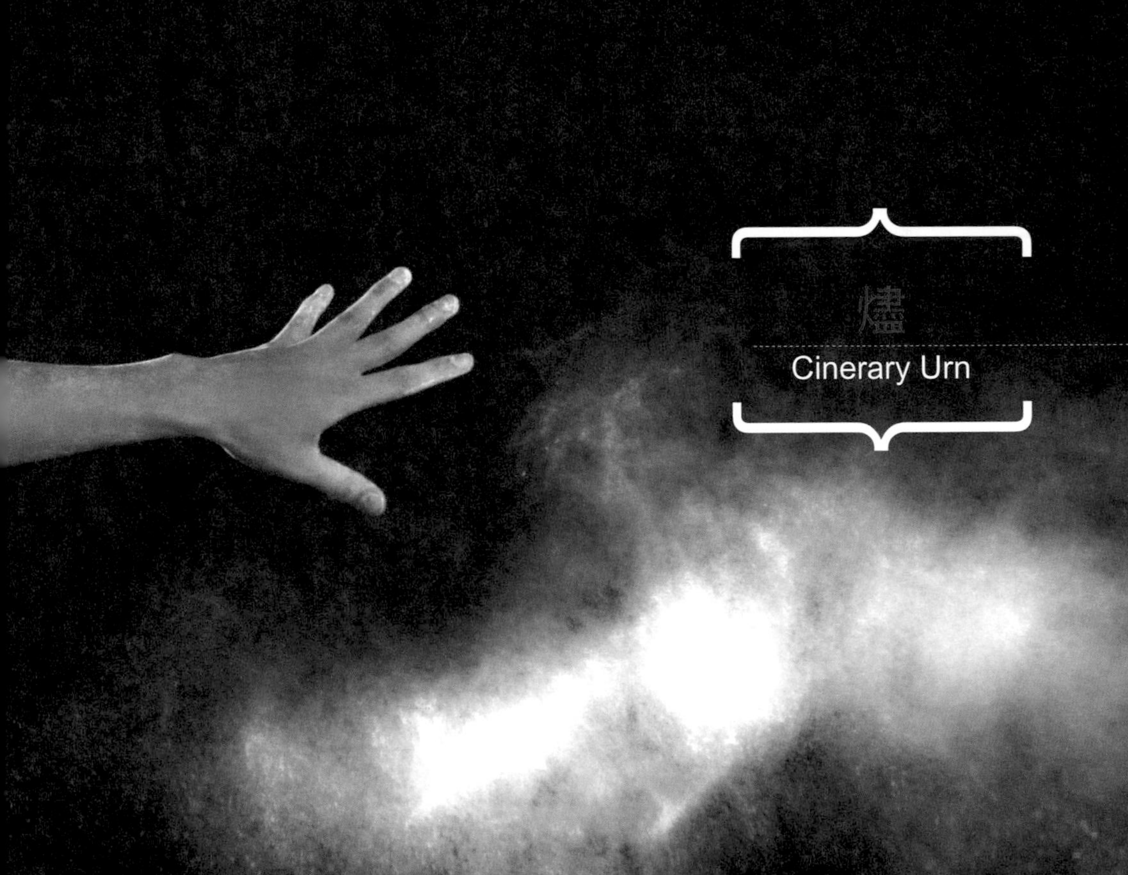

燼

Cinerary Urn

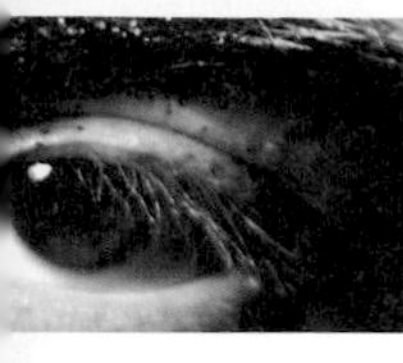

燼（骨灰罈）

既使你已成灰煙，也永遠在我心中

這是六月的夏天，外頭陰雲預告著天空即將暴雨如注雷霆萬鈞，但窗外的第一簇野茉莉已經盛開，絲毫不覺命運無情，就算最後被風雨打落，也至少證明它曾經那麼努力地綻放過。就像人死後經由火化後的餘暉，終究會象徵了某人曾經在這無盡的時光年輪裡，留下蛛絲馬跡。當我們所愛的人離開時，我們的部份也跟隨著所愛的人死去，從生者的角度來看，喪禮其實是體驗死亡的絕佳機會，但下一刻，卻也可能隨即轉化為對死亡的恐懼。

我多希望把這些故事用《裸・喪》溫柔的包裹住，傳遞給所有我重視的人，還有對你們而言，最深愛的每一個人。

在人生盡頭，有各種擁抱結局的方式，從傳統土葬到現今社會漸漸能夠接受的火化或更特別的海葬等等。有的人夠幸運，能有充裕時間安排自己華麗退場的舞步，也有的是由在世的人們決定如何緬懷死者的方式。但最後我們只是改變姿態，用另一種形式面貌持續存在，如同封存於骨灰罈裡的餘燼和腦中回憶，不會消失。

未來當我跨越媽媽自縊的年紀後，我想我也即將揮別一去不返的青春。但是今天，我慶幸自己經歷過這一切，這改變了我看待生命的眼光。

我不願錯過任何一次相遇，因為我的母親在我還來不及珍惜她的時候就走了，人生的「遺憾」反而使我在年僅11歲就能把握每個當下。唯有經歷孤獨煎熬的人，才會更加懂得關照同樣寂寞的心情，也讓人與人之間總是像擁有著與生俱來的能力般，懂得體貼彼此。這是很多時下少年或比我年長的長輩都還不一定了解的事。

但若所有人都要經歷如此痛苦的生離死別，才能體會到這麼重要的小事，那就太過悲傷了。所以我和容萍以及玟彣用喪禮為主題做出了《裸・喪》，加上寶貝老師冠伶的指導，除了希望觀者透過參予另一種形式上的喪禮，體會到失去至親的傷痛，也希望曾經失去過至親的人們，經由《裸・喪》，以平和喜樂的心情思念過往的人。

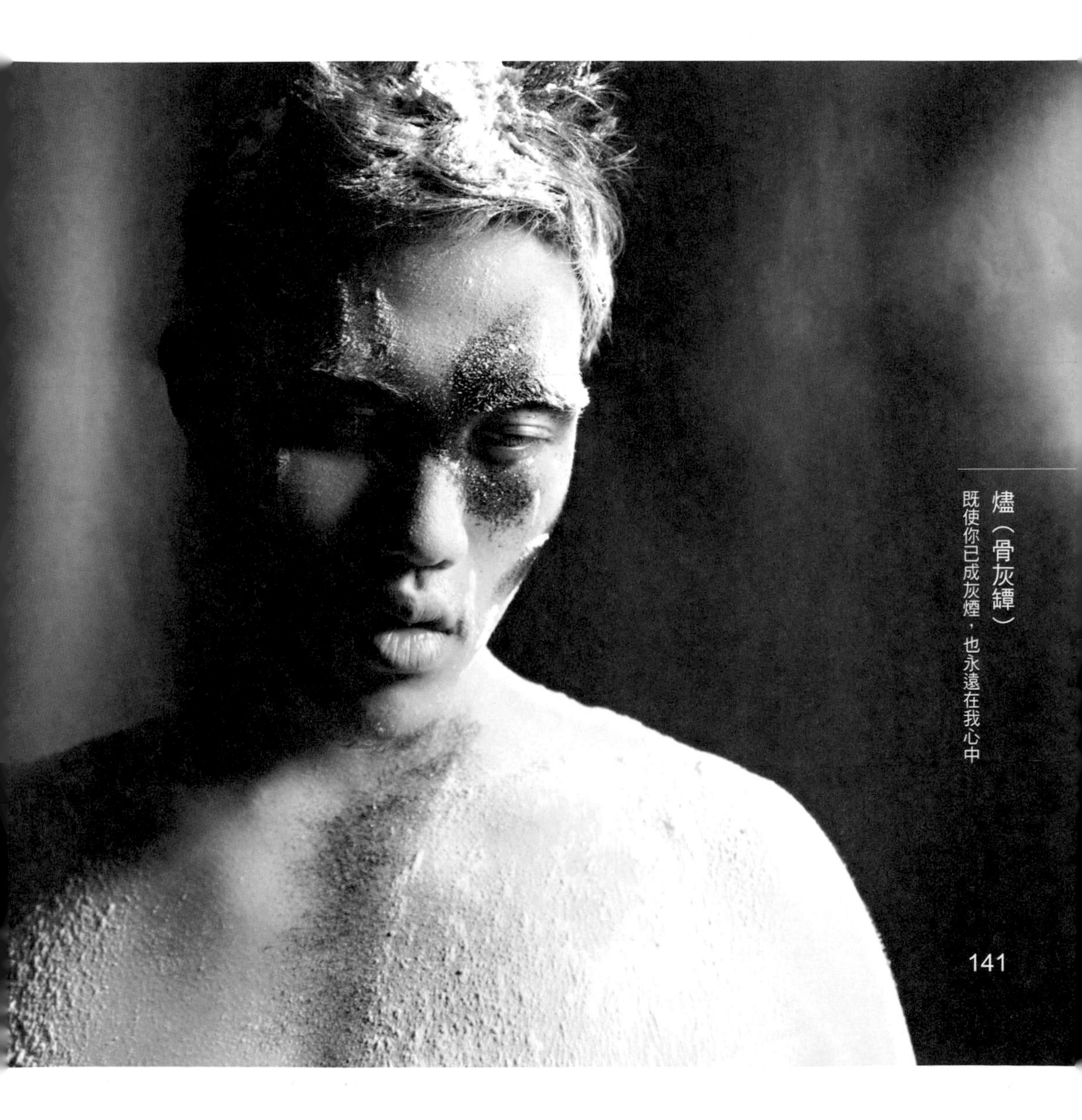
燼（骨灰罈）
既使你已成灰煙，也永遠在我心中

Cinerary Urn

燼（骨灰罈）

既使你已成灰煙，也永遠在我心中

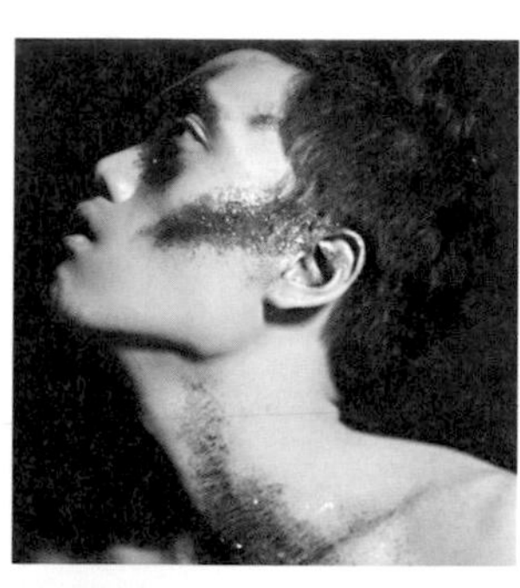

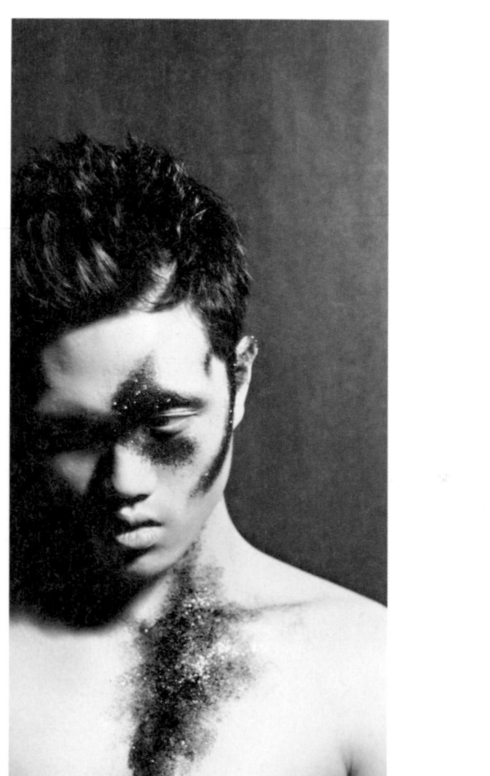

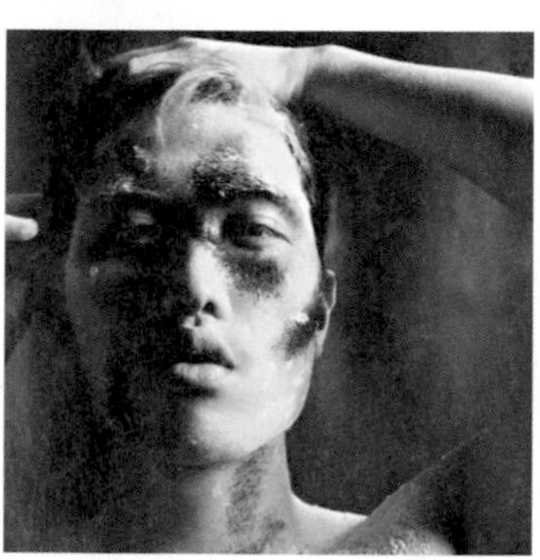

Cinerary Urn

燼（骨灰罈）

既使你已成灰煙，也永遠在我心中

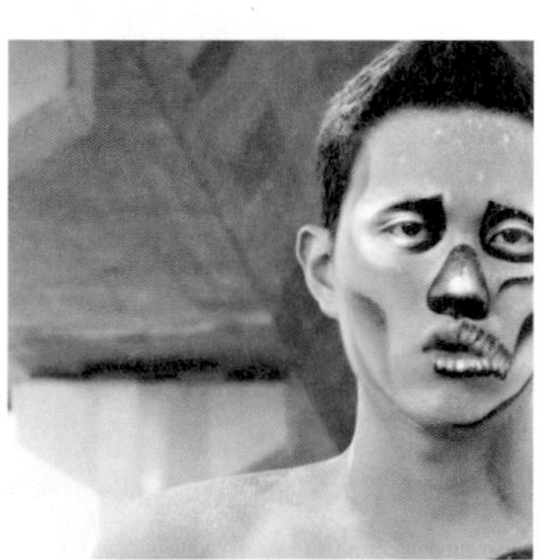

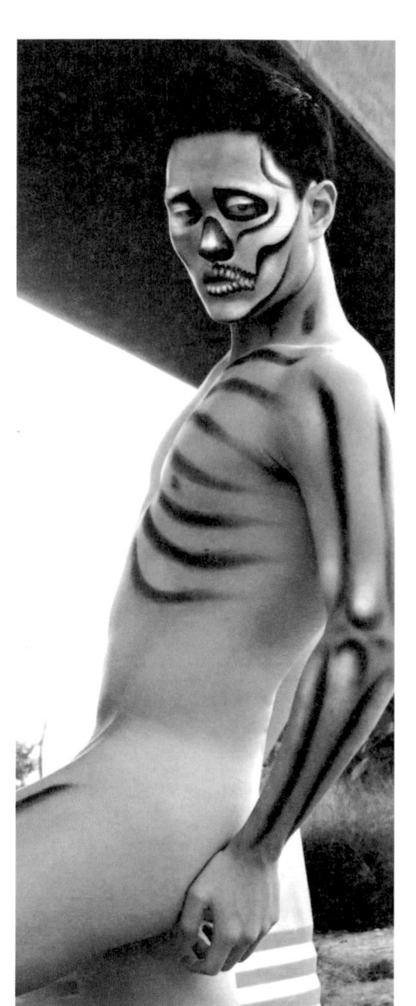

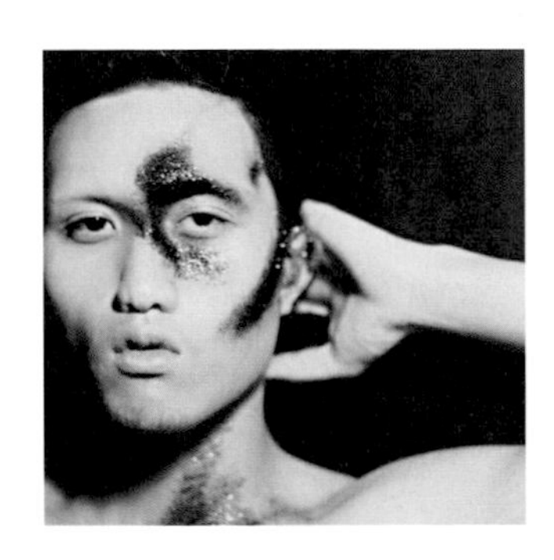

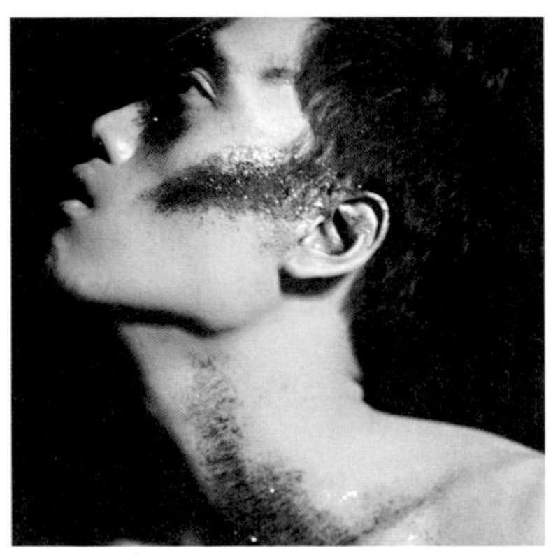

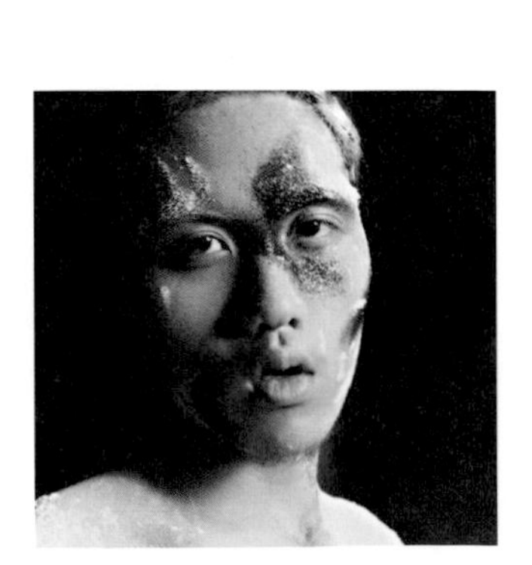

行李

Upapatti Money

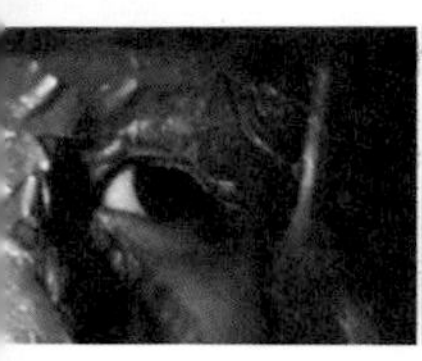

行李（圍庫錢）

這些你帶不走的，我寄給你

那些經由焚燒送入另一個世界的銀錢和庫錢，不曉得黃泉路上他們有沒有帶走？社會日新月異，現今甚至還有專門接案訂製紙車、紙房、紙轎的商家。

世上所有生物都難逃一死，但我們認為對非生命體的物質而言，它們也有另一種型態的死亡，譬如二手衣回收場的舊衣、荒煙漫草的廢墟、廢車場的老爺車。

我們除了把紙錢輪廓質感轉化至彩妝彩繪及髮型上外，也把另一種死亡融入攝影背景。不過，這對於另一個世界的居民而言，或許是一種重生。

故事終於來到最後一篇，同時也是《裸．喪》的結尾。

我相信世界上有更多可以被歌頌的生離死別，但這是我們自己的故事，是《裸．喪》最初萌芽的源頭。人們並不習慣從終點出發去觀察自己的存在，而當你回頭看，便會發現一切最終都會揭曉某些答案。我假想我正站在終點，而答案都寫在這了。

羅蘭．巴特（Roland Bathe）認為，「每一位作者在寫完他的作品之後就『死』了，真正言說的是語言本身，讀者在閱讀過程會因所具備的背景不同而有不同的解讀，透過讀者自身的理解，創造出自己的想法。一張相紙本身基本上與其他任何一張同尺寸的相紙有著幾乎相同的重量，重要的是相紙裡『刺痛』觀者的部份。」

因此我們的任何一張照片都可以具有多重意義。有些故事可以從它的結果倒敘，我們身處的環境就是我們創作的終極泉源。當然此書不敢妄稱精心傑作，但確實是嘔心瀝血之作，冠伶老師做為我們的第一個讀者，總是以敏銳的感受積極細緻地提出建議，對我們始終表現出信心，給了我們極大勇氣。然而《裸．喪》誕生之時我們只有21歲，這裡停留的是我們不畏虎的狂妄，同時那年的我們也在這本書完成的當下已經死去，讓《裸．喪》再次活耀於人們心中，是閱讀這本書的你們。

Upapatti Money

行李（圍庫錢）

這些你帶不走的，我寄給你

裸喪

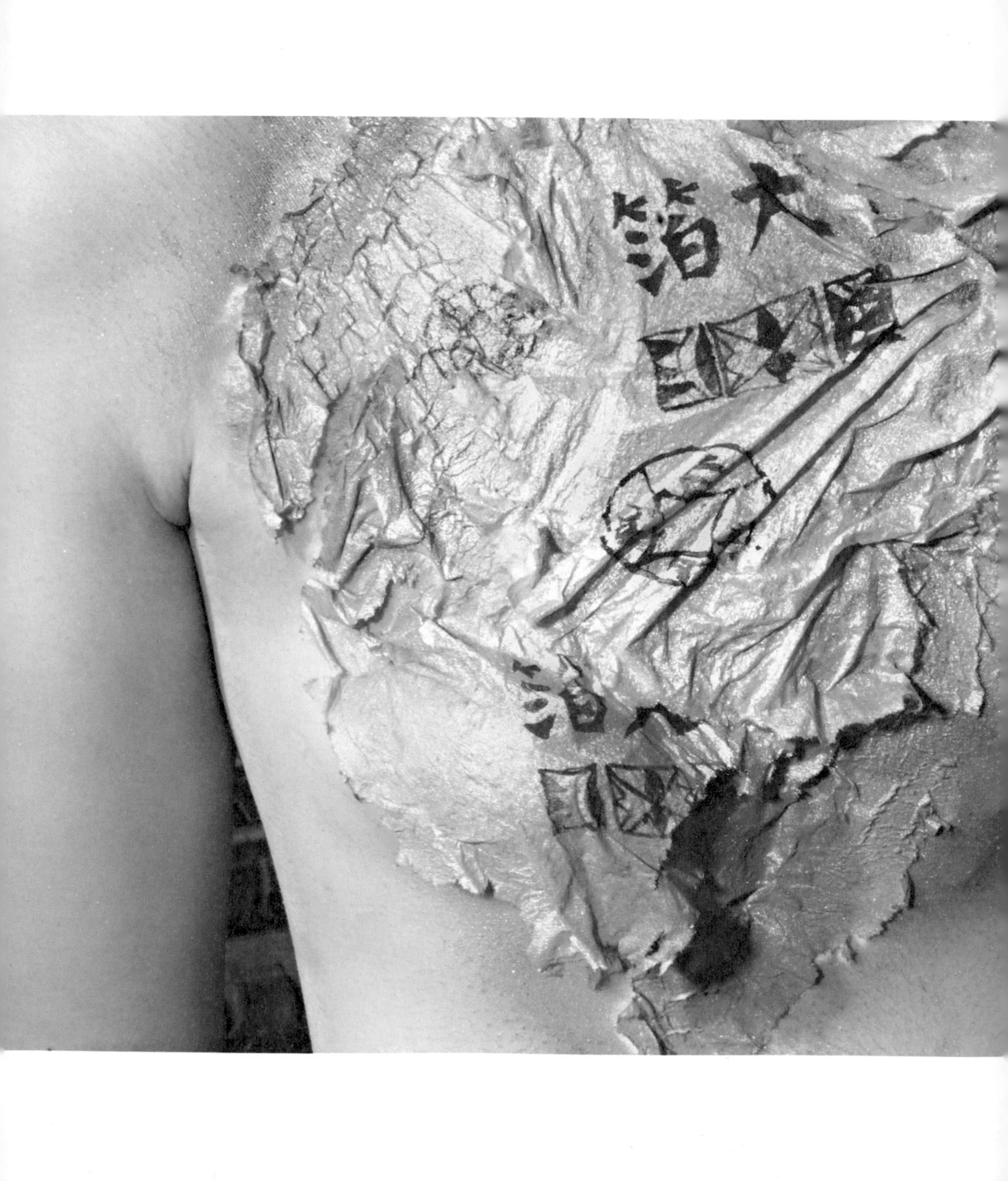

行李（圍庫錢）

這些你帶不走的，我寄給你

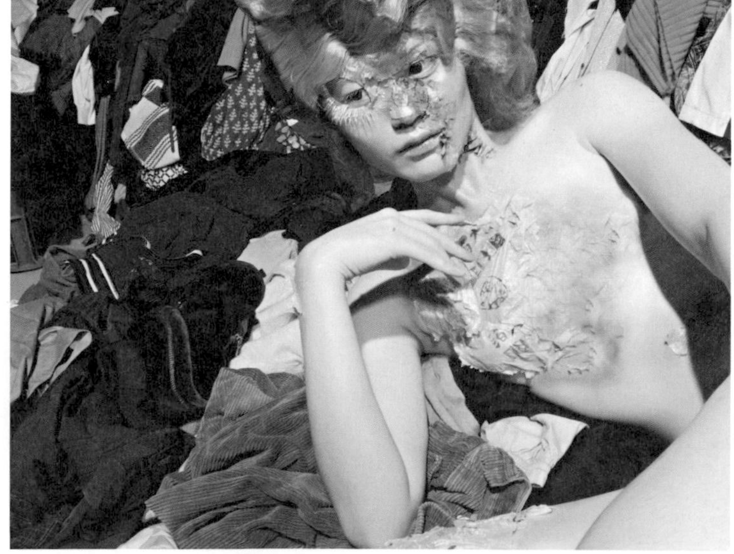

Upapatti Money

行李（圍庫錢）

這些你帶不走的，我寄給你

Upapatti Money

行李（圍庫錢）

這些你帶不走的，我寄給你

What' s Aesthetics 005

裸・喪

作　　者：陳冠伶、吳容萍、燕巧真、賴玟彣
總 編 輯：許汝紘
副總編輯：楊文玄
美術編輯：楊詠棠
行銷經理：吳京霖
發　　行：楊伯江、許麗雪
出　　版：信實文化行銷有限公司
地　　址：台北市大安區忠孝東路四段 341 號 11 樓之三
電　　話：（02）2740-3939
傳　　真：（02）2777-1413
www.wretch.cc/ blog/ cultuspeak
http://www. cultuspeak.com.tw
E-Mail：cultuspeak@cultuspeak.com.tw
劃撥帳號：50040687 信實文化行銷有限公司

印　　刷：彩之坊科技股份有限公司
地　　址：新北市中和區中山路二段 323 號
電　　話：（02）2243-3233

總 經 銷：高見文化行銷股份有限公司
地　　址：新北市樹林區佳園路二段 70-1 號
電　　話：（02）2668-9005

2012 年 9 月 初版
定價：新台幣 280 元

國家圖書館出版品預行編目（CIP）資料

裸.喪 / 陳冠伶等作. -- 初版. -- 臺北市 : 信實文化行銷, 2012.09
面； 公分 ——（What's aesthetics ；5）

ISBN 978-986-6620-63-8（平裝）

1. 美容 2. 造型藝術 3. 喪禮

425 101017482